Hartmann · Zoll · Funk
mini-handbuch Meetings leiten

Martin Hartmann · Alexander Zoll ·
Rüdiger Funk

mini-handbuch
Meetings leiten

BESPRECHUNGEN, ARBEITSTREFFEN,
TELEFONMEETINGS UND VIDEOKONFERENZEN
SOUVERÄN VORBEREITEN UND DURCHFÜHREN

Das Werk einschließlich aller seiner Teile ist urheberrechtlich geschützt. Jede Verwertung ist ohne Zustimmung des Verlags unzulässig. Das gilt insbesondere für Vervielfältigungen, Übersetzungen, Mikroverfilmungen und die Einspeicherung und Verarbeitung in elektronische Systeme.

Dieses Buch ist erhältlich als:
ISBN 978-3-407-36633-7 Print
ISBN 978-3-407-29040-3 E-Book (PDF)
ISBN 978-3-407-29180-6 E-Book (epub)

1. Auflage 2017

© 2017 Beltz Verlag
in der Verlagsgruppe Beltz • Weinheim Basel
Werderstraße 10, 69469 Weinheim
Alle Rechte vorbehalten
Lektorat: Ingeborg Sachsenmeier
Umschlagillustration: Jonathan Bachmann
Reihengestaltung, Satz, Herstellung: Antje Birkholz
Druck und Bindung: Beltz Bad Langensalza GmbH, Bad Langensalza
Printed in Germany

Weitere Informationen zu unseren Autoren und Titeln finden Sie unter:
www.beltz.de

Inhaltsverzeichnis

TEIL 1
UND JEDEM ANFANG WOHNT EIN ZWEIFEL INNE 9
Immer diese Meetings! 10
Besprechungen: Was es nicht alles gibt! 14
Es menschelt! 17

TEIL 2
INHALTE UND ZIELE 19
Die Auswahl der Inhalte und Tagesordnungspunkte 21
Ziele, Ziele, Ziele! 24
Der Weg zum Ziel: Arbeitsschritte 28
Die Reihenfolge der Tagesordnungspunkte 32

TEIL 3
WER SOLL TEILNEHMEN? 35
Die Teilnehmerinnen und Teilnehmer 36

TEIL 4
»TRETEN SIE NUR EIN IN DIE GUTE STUBE!« 39
Raum, Technik und Knabbereien 40
Einladung und Unterlagen 43

TEIL 5
AUFBAU UND ABLAUF EINER BESPRECHUNG 47
Vom Start zum Ziel – systematisch vorgehen 48

TEIL 6
AUCH LEITEN KANN GELERNT WERDEN! 69
Wer arbeitet während der Besprechung: Sie oder die Gruppe –
 oder beide? 70
Tanzen auf drei Hochzeiten!? 75
Handwerkszeug für das Kommunizieren und Leiten in
 Besprechungen 80
Arbeitsregeln unterstützen die Zusammenarbeit 93

TEIL 7
NICHTS ALS SCHWIERIGKEITEN: STÖRUNGEN UND KONFLIKTE IN MEETINGS 95
Was es nicht alles gibt?! 96
Wann ist ein Konflikt ein Konflikt? – Wie ist das bei Ihnen? 97
Störungen und Konflikte gelassen wahrnehmen 100
Wann auf Störungen reagieren – mit welcher Einstellung aktiv
 werden? 107
Konflikte und Störungen offensiv angehen – so können Sie
 vorgehen 110
Was machen Sie, wenn …? 113

TEIL 8
GEHT HÄUFIG UNTER: VISUALISIERUNGEN, PROTOKOLL UND NACHBEREITUNG 123
Visualisierungen wirken Wunder! 124
Protokoll und Nachbereitung – muss das sein? Ja! 126

TEIL 9
WIR SIND DIE NEUEN – DIE VIELFALT IN DER BESPRECHUNGSLANDSCHAFT 131
Arbeitsgruppen gekonnt moderieren 132

Sitzungen »chairen« – die Kompetenz zwischen Leiten und
Moderieren   144
Konferenzen leiten – der Job für Multitalente   158
Hört denn noch jemand zu? – Telefonmeetings   165
Bitte alle mal lächeln! – Videokonferenzen   173

TEIL 10
HIER WERDEN SIE FÜNDIG   181
Kommentierte Literaturhinweise und andere Quellen   182
Downloadmaterial und Bildnachweis   187
Zum Buch und zu den Autoren   188

Teil 1

Und jedem Anfang wohnt ein Zweifel inne …

Immer diese Meetings!

- Was erwartet Sie, liebe Leserin und lieber Leser, wenn Sie mehr als nur das erste Kapitel lesen?
- Warum sind viele Besprechungen im beruflichen Alltag mit Unbehagen verbunden?
- Warum sind Besprechungen dennoch nicht zu verachten?

Fangen wir einfach an! Als Autoren dieses Buches wollen wir Ihnen, liebe Leserinnen und Leser, Anregungen bieten, wie Sie die Vorbereitung und Durchführung und damit Qualität und Erfolg Ihrer Besprechungen verbessern können. *Verbessern* bedeutet beispielsweise,

- dass Sie sicher werden in dem, was Sie mit und in einer Sitzung überhaupt erreichen wollen und können;
- dass Sie regelmäßige Besprechungen, wie zum Beispiel eine wöchentliche Abteilungssitzung, so gestalten und durchführen, dass Sie und Ihre Mitarbeiterinnen und Mitarbeiter davon profitieren;
- dass Sie auch unter großem Zeitdruck – »Gut dass ich Sie hier auf dem Gang noch treffe: Übernehmen Sie doch in einer halben Stunde bitte unsere Sitzung zum Thema Beratereinsatz, ich muss unbedingt zu einem Kunden …« – eine Besprechung zielgerichtet vorbereiten und zufriedenstellend »über die Bühne bringen« können;
- dass Sie vielleicht neue Möglichkeiten ausprobieren, wie Sie mit den Besprechungsteilnehmern arbeiten, wie Sie also leiten;
- dass Sie sich sicher fühlen und handlungsfähig bleiben, wenn es zu Störungen kommt oder unangenehme Zeitgenossen auftreten;
- dass Sie von alternativen Meetingdesigns – beispielsweise der Moderation, dem »Chairen« von Sitzungen, des Telefonmee-

Immer diese Meetings!

tings – Anregungen mit in Ihren Besprechungsalltag nehmen und diese mit Gewinn ausprobieren.

Dieses Buch soll Sie dazu anregen, in Ihrer nächsten Sitzung das eine oder andere bewusst anders zu machen. Am meisten profitieren Sie, wenn Sie sich aktiv mit den Checklisten und Fragebögen auseinandersetzen, gewonnene Anregungen mit Freunden, Kolleginnen oder Bekannten diskutieren und sie gleich bei nächster Gelegenheit ausprobieren.

Mögen Sie Meetings? Es soll Menschen geben, die meinen, eine Besprechung sei etwas, wo viele hineingehen, jedoch nichts herauskommt. Wie sehen Ihre Erfahrungen aus? Nehmen Sie sich doch etwas Zeit und gehen den folgenden Fragebogen durch.

FRAGEBOGEN MEETINGERFAHRUNGEN

Wenn Sie einmal an Ihre bisher erlebten Besprechungen denken, welche der hier genannten Verhaltensweisen haben Sie schon häufig erlebt und welche noch nicht?

	Schon erlebt	Noch nicht erlebt
Es entstand der Eindruck, als sei die Sitzung von der Leiterin nicht vorbereitet worden.	O	O
In der Einladung gab es keine Hinweise zu Themen, Ziel(en) oder Agenda der Sitzung.	O	O
Eingeladen waren überwiegend fachfremde, inkompetente, desinteressierte Teilnehmer.	O	O
Notwendige Tischvorlagen lagen nicht vor oder waren unbrauchbar.	O	O
Die Sitzung wurde nicht pünktlich begonnen.	O	O
Anlass und Hintergrund der Sitzung wurden nicht verständlich gemacht.	O	O
Es wurden keine nachvollziehbaren Ziele für die Sitzung oder die einzelnen Tagesordnungspunkte genannt.	O	O
In der Sitzung wurde nicht deutlich, wozu die Anwesenden eigentlich da waren, wozu sie wirklich benötigt wurden, welche Rolle sie einnehmen sollten.	O	O

Während der Diskussionen wurde immer wieder vom roten Faden abgewichen, man kam vom Hundertsten ins Tausendste.	O	O
Es gab keine konzentrierte Gesprächsleitung: Vielredner konnten sich über Gebühr äußern, die Ruhigen kamen nicht zu Wort.	O	O
Eigentlich war vor der Besprechung schon alles entschieden, die anwesende Gruppe sollte dem Ganzen offenbar nur einen »demokratischen« Anstrich geben.	O	O
Die wichtigen Themen wurden nur oberflächlich und unzulänglich behandelt.	O	O
Die Leiterin zog die Sitzung knallhart durch, keiner hat sich richtig getraut, seine – womöglich abweichenden – Gedanken zu äußern.	O	O
Während der gesamten Sitzung wurde nichts visualisiert.	O	O
Die gesamte Organisation der Sitzung war mangelhaft (Raum, Zeit, Technik und so weiter).	O	O
Am Ende der Sitzung gab es keinen verbindlichen Maßnahmenplan, man trennte sich ohne Vereinbarungen.	O	O
Das Protokoll war entweder inhaltlich unbrauchbar oder kam zu spät.	O	O
Aus dem Verlauf der Besprechung wurde nichts für die nächste Sitzung gelernt – sie lief nämlich ebenso ab wie alle bisherigen.	O	O

Haben Sie mehr als die Hälfte, vielleicht sogar schon alle diese Phänomene erlebt oder gelegentlich sogar selbst verursacht? Nicht wahr, man könnte grundsätzlich zum Gegner von Besprechungen werden? Dabei kann es ganz sinnvoll sein, wenn mehrere Personen ihr Wissen, ihre Kreativität und ihre gesamte Kompetenz in einen gemeinsamen Arbeitsprozess einbringen. Was halten Sie von den folgenden Aussagen?

Immer diese Meetings!

BESPRECHUNGEN, ARBEITSSITZUNGEN, PROJEKT-MEETINGS UND ÄHNLICHES SIND SINNVOLL, WENN ...

	Stimme voll zu	Habe Bedenken
... unterschiedliche Interessen und Meinungen zu einem Thema angehört, ausgetauscht und erörtert werden können;	O	O
... viele Themen nicht nur einzelne Personen betreffen, sondern auch andere Teilnehmer etwas zur Sache beitragen können und sollen;	O	O
... die verschiedenen Perspektiven und die Kreativität der Beteiligten die Qualität der Ideensammlungen oder Lösungsvorschlägen erhöht;	O	O
... Aufgaben koordiniert und/oder Prioritäten festgelegt werden sollen, die die Anwesenden direkt betreffen;	O	O
... eine hohe Akzeptanz der gemeinsam getroffenen Entscheidungen deren Umsetzung in die Praxis erleichtern soll;	O	O
... sowohl die Besprechungsleiterin als auch die Teilnehmer die Möglichkeit bekommen, sich vor wichtigen Leuten zu profilieren.	O	O

Und jetzt? So sinnvoll Besprechungen in den meisten Fällen sind und so katastrophal die eigenen Erfahrungen bisher auch waren – für uns stellt sich die Frage, wie Sie Ihre persönliche Besprechungspraxis verbessern können, und wenn es auch nur kleine Verbesserungen sind. Lassen Sie uns, liebe Leserin und lieber Leser, Schritt für Schritt vorgehen.

Besprechungen: Was es nicht alles gibt!

> Worum geht es, wenn in diesem Buch von Besprechungen, Sitzungen oder Meetings die Rede ist?

Beispiele für Besprechungssituationen sind:

- Die regelmäßige wöchentliche Abteilungssitzung mit acht Teilnehmern, Dauer zwischen einer und zwei Stunden. In dieser Sitzung wird die Abteilung als Abteilung erlebbar, die Abteilungsleitung kann sich als »Führungskraft« positionieren – alles in allem eine wichtige identitätsstiftende Funktion.
- Die einmalig stattfindende Problemlösungssitzung mit Teilnehmern aus verschiedenen Bereichen oder Unternehmen, Dauer zwischen einer Stunde und einem ganzen Tag. Derartige Veranstaltungen benötigen eine sorgfältige Vorbereitung in Bezug auf Ziele, Teilnehmer und Ablauf, um den Anforderungen und gelegentlich hohen Kosten gerecht zu werden.
- Das spontan einberufene Treffen von drei bis fünf Personen, um »ganz kurz etwas abzusprechen«. Leider werden derartige Sitzungen häufig nicht als »vollwertige« Besprechung angesehen und nur mangelhaft vorbereitet. Sie werden so nebenbei erledigt. Entsprechend dünn fallen die Ergebnisse aus.
- Der ein- bis zweitägige Workshop, in dem circa zehn Teilnehmer intensiv an mehreren Fragestellungen arbeiten. Für die Durchführung solcher Workshops ist häufig ein inhaltlich neutraler Moderator ratsam (Anregungen dazu finden Sie im Kapitel »Arbeitsgruppen gekonnt moderieren, s. S. 132 ff.).
- Die eintägige Jahrestagung mit allen Angehörigen – das können durchaus schon mal mehrere Hundert Mitarbeiterinnen und

Besprechungen: Was es nicht alles gibt!

Mitarbeiter sein – eines Unternehmens. Sie sollte in Zusammenarbeit mit einem erfahrenen Veranstaltungsprofi geplant und durchgeführt werden.

- Die Fachkonferenz zu einem Thema, bei dem verschiedene Redner vortragen. Wichtig ist die Auswahl und Vorbereitung der Vortragenden, aber auch die Einbindung interaktiver Tagungselemente, wie sie von wirklich guten Konferenzveranstaltern angeboten werden (s. auch S. 158 ff.).
- Die ein- bis dreitägige Großveranstaltung mit 100 und mehr Teilnehmern, die sich um ein Thema bewegt und in dem möglichst alle Anwesenden rund um die Uhr aktiv sind. So etwas hat als Open-Space-Veranstaltung oder auch Großgruppenintervention Eingang in die Praxis einiger Unternehmen gefunden.
- Telefonmeetings oder Videokonferenzen, bei denen beispielsweise fünf Kolleginnen und Kollegen eines Global Players in fünf Kontinenten vernetzt mit Laptop und Smartphone gemeinsam eine Pressenotiz für ihren Vorstandsvorsitzenden redigieren. Zu Telefonmeetings und Videokonferenzen gibt es jeweils eigene Ausführungen ab den Seiten 165 und 173.
- Es fehlt eigentlich nur noch das zufällige Treffen in der Kaffeeküche. Denn auch dort werden häufig wichtige Informationen ausgetauscht und Absprachen getroffen. Derartige Treffen wollen wir jedoch nicht als berufliche Besprechungen verstehen. Die Stärke der Kaffeeküchentreffen besteht gerade darin, dass sie spontan, ziel- und zwanglos erfolgen. Viel bleibt dem Zufall überlassen. In einer solch angenehmen Atmosphäre finden oft wichtige Absprachen statt, die sich einfach so ergeben; manchmal auch nur, weil sie nicht mit konkreten Zielen vorbereitet, in ihrem Ablauf geplant und angekündigt worden sind. Pflegen Sie derartige Räume und besuchen Sie sie häufiger; aber möglichst nur in der Absicht, einen Kaffee zu trinken und ein paar Minuten mit lieben Kolleginnen und Kollegen ohne die Anwesenheit des Smartphones über das Wetter zu plaudern.

WENN WIR SCHON VON »BESPRECHUNG« REDEN ...
- Eine Besprechung ist eine von Ihnen einberufene Zusammenkunft von mehreren Personen. Auch wenn diese Zusammenkunft von Dritten einberufen sein sollte, tragen Sie als Leiterin oder Leiter die Verantwortung für den Ablauf und das Gelingen der Sitzung.
- Die Zusammenkunft ist von Ihnen sorgfältig geplant worden. Unterschätzen Sie die Vorbereitungszeit nicht, sie kann schon einmal der Länge der Sitzung selbst entsprechen.
- In dieser Sitzung wollen Sie zusammen mit den Anwesenden zu einem oder mehreren Themen etwas ganz Bestimmtes diskutieren, erarbeiten oder entscheiden. Sie haben also eine genaue Vorstellung davon, was Sie mithilfe der Gruppe in der gemeinsamen Zeit erreichen wollen. Sie haben sich ein Ziel überlegt.
- Um dieses Ziel zu erreichen, überlegen Sie sich genau, wie die Zusammenarbeit mit den Anwesenden ablaufen soll. Sie haben sich Arbeitsschritte überlegt, einen Besprechungsablauf durchdacht – von der Begrüßung, der Darstellung der Tagesordnung und der Ziele bis hin zum Maßnahmenplan und als Schluss die Verabschiedung. Sie fühlen sich als Leiterin oder Leiter der Besprechung also für das konkrete Vorgehen, den methodischen Verlauf verantwortlich.
- Für das Gelingen Ihrer Besprechung schaffen Sie – soweit dies in Ihrer Macht steht – optimale Rahmenbedingungen wie ausreichend Zeit, angenehme Örtlichkeiten, funktionierende Technik und (politisch korrekt) wohlschmeckenden Kräutertee mit Biokeksen und Grünteller mit Äpfel, Mohrrüben, Salatblättern ... oder (politisch unkorrekt, aber lecker) echten Cappuccino, Kekse mit weißer Schokolade und Marzipan ...

Es menschelt!

> Eigentlich weiß es jeder: In einer Besprechung geht es außer um Inhalte, Probleme, Sachfragen immer auch um Gefühle, um die soziale Ebene, die Beziehungen der Teilnehmer untereinander.

In einer Besprechung sitzen einer Leiterin (oder einem Leiter – das gilt für das ganze Buch, was wir ab jetzt aber nicht mehr erwähnen) Menschen gegenüber. Alle vertreten bestimmte Meinungen, verfolgen ihre eigenen, häufig nicht offen kommunizierten Interessen. Sie können mit dem einen oder der anderen in der Gruppe besonders gut, mit anderen gar nicht. Und alle haben auf ihrem Schreibtisch eine Menge Arbeit liegen, die jetzt erst einmal liegen bleiben muss.

In einer Besprechung spielt also Vielerlei eine gewichtige Rolle, das mit der Sachebene nichts zu tun hat. Über diese soziale Komponente einer Besprechung sollte sich jede Leiterin immer wieder im Klaren sein, besonders auch, wenn sie mit den Sachergebnissen nicht zufrieden ist und über die scheinbar vergeudete Zeit klagt. Denn jede Besprechung hat über die konkrete Themenbehandlung hinaus vielfältige soziale Funktionen:

- Die Menschen diskutieren von Angesicht zu Angesicht und nicht nur per Smartphone – dies ermöglicht einen mehr oder weniger gefühlsbetonten Austausch.
- Das Gefühl, mit anderen Menschen in einem Team zu arbeiten, wird gestärkt.
- Die Rolle eines jeden Einzelnen im Team wird deutlich. Der Beitrag der einzelnen zur Teamleistung wird für alle sichtbar. Dies kann über die aktuelle Besprechung hinaus motivieren und anspornen.
- Wenn Vereinbarungen wirklich gemeinsam getroffen werden, sind ihre Verbindlichkeit, die gegenseitige Verpflichtung zur

Umsetzung und Verantwortungsübernahme stärker ausgeprägt, als wenn Entscheidungen über die elektronische Post verbreitet werden.

- Unabhängig von der Verständigung in sachlicher Hinsicht schaffen Besprechungen immer wieder Gewissheiten, die sowohl für das Funktionieren einer Organisation generell als auch für Identität, Selbstwertgefühl und Arbeitszufriedenheit ihrer Mitglieder unentbehrlich sind. Konsens wird beispielsweise darüber hergestellt, dass man in der Abteilung nach wie vor gegen die Sparmaßnahmen des Vorstands zusammenhalten muss, dass die Kunden auch bei den anderen Kollegen immer noch den gleichen Ärger produzieren wie bei einem selbst, dass es mit dem kollegialen Klima so weitergehen wird, auch wenn der neue Verkaufsleiter mit eisernen Besen fegen möchte. Die Besprechungsteilnehmer verlassen so manche Sitzung mit dem beruhigenden Gefühl, dass trotz vieler neuer Dinge, über die geredet wurde, wichtiges Vertrautes irgendwie doch gewahrt bleibt. Mit diesem Gefühl lässt sich engagiert und produktiv weiterarbeiten. Natürlich gehört auch dazu, über die vertrödelte Zeit in der Sitzung ordentlich geschimpft zu haben.

UND JETZT?

Natürlich sind Sie als Besprechungsleiterin während einer Sitzung nicht der Kummerkasten für sämtliche Befindlichkeiten Ihrer Teilnehmer (auch wenn die das manchmal gern so hätten). Jedoch überlegen Sie während der Vorbereitung, während Sie Inhalte, Ziele und Ablauf bestimmen und kurz alle organisatorischen Fragen klären, wie die Stimmung in der Abteilung ist, wie es möglicherweise Einzelnen mit bestimmten Themen und Zielen geht, und was Sie bei Ihren Formulierungen vielleicht ändern müssen, um Störungen schon im Vorfeld zu beseitigen.

Teil 2

Inhalte und Ziele

Vorweg: Die liebe Zeit

> Unser Tipp: Bevor Sie sich weiter mit Inhalten, Zielen oder Teilnehmern beschäftigen, legen Sie für sich fest, wie lange die Sitzung wirklich dauern soll!

Wenn Sie eine Vorstellung davon haben, wie lange Sie mit der Gruppe arbeiten wollen, dann können Sie Ihre Ziele und Inhalte realistisch gestalten. Sie werden Ihre Sitzung nicht überfrachten und Sie werden nicht Gefahr laufen, Ziele zu formulieren, die in der zur Verfügung stehenden Zeit keine Chance hätten.

Überlegen Sie sich, wie viel Zeit Sie für die Besprechung verwenden wollen. Berücksichtigen Sie dabei,

- an welchem Tag und zu welcher Uhrzeit die Sitzung stattfinden soll;
- wie aufnahmefähig und leistungsbereit Ihre Teilnehmerschaft zu diesem Zeitpunkt wohl sein wird;
- für wie lange Sie Ihre Kolleginnen und Kollegen von der normalen Arbeit abhalten wollen;
- wie viel Zeit Ihnen die Themen und Ziele wert sind, die Sie bisher mehr oder weniger durchdacht im Kopf haben.

Und noch ein Tipp: Planen Sie einen zeitlichen Puffer ein, damit Sie nicht in den letzten Minuten die vielleicht wichtigsten Themen des Tages »durchpushen« müssen. Und wenn Sie den Puffer doch nicht benötigen? Dann sind alle froh, etwas früher als geplant wieder am Arbeitsplatz zu sein.

Die Auswahl der Inhalte und Tagesordnungspunkte

> Wie können Besprechungsinhalte systematisch und sorgfältig ausgewählt werden?

Wir empfehlen eine Sammlung aller Tagesordnungspunkte (TOP), die für die geplante Besprechung infrage kommen. Notieren Sie dabei alle Themen, die aus Ihrer Sicht wichtig sind. Führen Sie gleichzeitig für jeden Punkt auf der Liste Gründe dafür auf, warum dieser Punkt unbedingt behandelt werden sollte.

Möglicherweise haben Sie so viele TOP auf Ihrer Wunschliste, dass Sie auswählen müssen, da nicht alle Punkte behandelt werden können, nur die ganz wichtigen und dringlichsten. Nehmen Sie eine erste zügige Bewertung vor. Unser Tipp: Vergeben Sie zwei Buchstaben. Dabei bedeutet der erste Buchstabe *die Wichtigkeit* des Tagesordnungspunkts (für Ihr Unternehmen, Ihre Abteilung, für Sie persönlich):

A = sehr wichtig, muss unbedingt in der Besprechung behandelt werden
B = wichtig, sollte in der Besprechung behandelt werden
C = weniger wichtig, es wäre aber schön, wenn dieser Punkt in einem Meeting behandelt werden könnte

Der zweite Buchstabe bezieht sich auf die *Dringlichkeit der Behandlung:*

A = äußerst dringend, möglichst »heute noch«
B = muss nicht unbedingt heute erfolgen
C = kann noch warten

Auch wenn Sie die Zeiten für die einzelnen Tagesordnungspunkte noch nicht exakt festgelegt haben, so haben Sie sicherlich eine erste Vorstellung davon, wie lange ihre Behandlung jeweils dauern wird. Tragen Sie zu Ihrer eigenen Orientierung die grob geschätzte Dauer für die Behandlung des jeweiligen Tagesordnungspunkts in die entsprechende Spalte der folgenden Übersicht ein.

NICHT VERGESSEN: Für den Fall, dass Sie Inhalte identifiziert haben, die für die Sitzung von außen vorgegeben sind, tragen Sie diesen TOP ebenfalls in diese Liste ein.

TAGESORDNUNGSPUNKTE FESTLEGEN

Besprechung am: ....

Welche Tagesordnungspunkte (TOP) fallen mir im Moment ein?	Gründe, warum der TOP in dieser Besprechung behandelt werden soll	Wichtigkeit/ Dringlichkeit	Zeitbedarf

TIPP FÜR DIE DURCHFÜHRUNG: Den meisten Menschen fällt es leicht, viele Tagesordnungspunkte zu formulieren. Schwieriger tun sie sich schon mit der Begründung, warum ein bestimmter TOP unbedingt in genau diese Besprechung gehört. Wir empfehlen, die reine Sammlung der TOP in wenigen Minuten durchzuführen. Quälen Sie sich dafür etwas mehr bei der Begründung für die Aufnahme in die Besprechung.

Und noch etwas: Vielleicht neigen auch Sie dazu, für jeden gesammelten Punkt in der Spalte Wichtigkeit/Dringlichkeit ein A/A zu

Die Auswahl der Inhalte und Tagesordnungspunkte

vergeben. Tun Sie es nicht! Zum einen wird es der Realität in Ihrer Abteilung/Organisation nicht entsprechen, zum anderen nehmen Sie sich die Möglichkeit, überhaupt auszuwählen und eine Rangfolge zu bilden, bei der im Falle plötzlicher Zeitknappheit der hintere Punkt einigermaßen gefahrlos gestrichen werden kann.
Also: Mut zu B und C!
Und dann? Dann entscheiden Sie! Aus unserer Erfahrung gehören alle A/A und A/B in die anstehende Sitzung und alle »weniger wichtigen« Themen sollten außerhalb von Meetings bearbeitet werden.

		WICHTIGKEIT		
		A	B	C
DRINGLICHKEIT	A	Themen gehören in die aktuelle Besprechung		Überlegen, wie diese Themen außerhalb eines Meetings bearbeitet werden können (persönliches Gespräch mit Einzelnen, elektronische Vermittlung und anderes mehr)
	B	Themen als Back-up einsetzen oder in einem späteren Treffen platzieren		
	C			

Ziele, Ziele, Ziele!

In zwei Schritten kommen Sie zur Formulierung stimmiger und knackiger Ziele. Ein scheinbar mühsames Unterfangen. Aber wenn Sie das Prinzip einmal internalisiert haben, werden Sie nie wieder einfach so einen TOP behandeln!

SCHRITT 1: Entscheiden Sie sich für das allgemeine Ziel, das Sie für jeden TOP erreichen wollen. Berücksichtigen Sie dabei jetzt schon die Teilnehmer Ihrer Besprechung.

Sie finden in der folgenden Checkliste eine Reihe von allgemein formulierten Zielen. Diese helfen Ihnen, Ihr konkretes Ziel zu formulieren. Zwingen Sie sich – mit Blick auf jeden Ihrer Tagesordnungspunkte – zumindest eine der hier vorgeschlagenen Möglichkeiten anzukreuzen. Vielleicht ertappen Sie sich dabei, dass Sie selbst noch unsicher sind, noch widersprüchliche Ziele im Kopf haben. Überlegen Sie dann, was Sie wirklich erreichen wollen.

Gleichzeitig bietet diese Checkliste die Möglichkeit, sich erste Gedanken über die Teilnehmer zu machen, mit denen zusammen Sie Ihre Ziele erreichen wollen.

- Kompetenz der Gruppe kann Sie zum Nachdenken darüber anregen, ob mit den schon eingeladenen oder angedachten Teilnehmern das von Ihnen favorisierte Ziel überhaupt zu erreichen ist. Sind die Anwesenden beispielsweise befugt, Entscheidungen zu treffen, sind sie von ihrer Position im Unternehmen her überhaupt in der Lage, Maßnahmen zu vereinbaren?
- Motivation der Gruppe kann Sie auf die Beziehungsebene einstimmen: Für wie motiviert schätzen Sie die Anwesenden ein, wenn es um das Erreichen Ihres Ziels geht? Welche Schwierigkeiten werden noch auf Sie zukommen, welche Chancen bieten sich, wenn diese Gruppe das besondere Thema bearbeitet?

Ziele, Ziele, Ziele! 25

ZIELE MIT DEN TEILNEHMENDEN ERREICHEN

Besprechung am ....
TOP ....
....

Welches der folgenden Ziele (auch mehrere) möchte ich erreichen?

O Die Anwesenden sollen durch die Leiterin oder durch einen Dritten unmittelbar informiert werden.
Kompetenz der Gruppe ☺ ☹   Motivation der Gruppe ☺ ☹

O In der gesamten Gruppe sollen zum Thema alle verfügbaren Informationen, Meinungen, Einstellungen ausgetauscht werden. Dabei sollen offene Fragen geklärt werden.
Kompetenz der Gruppe ☺ ☹   Motivation der Gruppe ☺ ☹

O Ein Problem oder eine bestimmte Situation soll aufgedeckt, erkannt, beschrieben und aufbereitet werden.
Kompetenz der Gruppe ☺ ☹   Motivation der Gruppe ☺ ☹

O Zu einer bestimmten Fragestellung soll unter allen Teilnehmern eine gemeinsame Position entwickelt, es soll Konsens hergestellt werden.
Kompetenz der Gruppe ☺ ☹   Motivation der Gruppe ☺ ☹

O Für ein Problem (oder Situation, Frage) sollen Lösungsvorschläge oder Ideen entwickelt, diskutiert, beschrieben und aufbereitet, eine Entscheidung vorbereitet werden.
Kompetenz der Gruppe ☺ ☹   Motivation der Gruppe ☺ ☹

O Zur Lösung eines Problems, zur Klärung einer Situation, für eine bestimmte Fragestellung soll eine konkrete Maßnahme entschieden, festgelegt, verabschiedet werden.
Kompetenz der Gruppe ☺ ☹   Motivation der Gruppe ☺ ☹

O Für eine anstehende Aufgabe sollen Maßnahmen, Verantwortlichkeiten, Termine abgesprochen, koordiniert und vereinbart werden (Aktionsplan).
Kompetenz der Gruppe ☺ ☹   Motivation der Gruppe ☺ ☹

O Es soll ein Wirgefühl, Zugehörigkeitsgefühl, positive Stimmung, guter Teamgeist erzeugt werden.
Kompetenz der Gruppe ☺ ☹   Motivation der Gruppe ☺ ☹

SCHRITT 2: Formulieren Sie die konkreten Ziele für jeden Tagesordnungspunkt. Denken Sie dabei auch an die mögliche Unterstützung beziehungsweise Behinderung durch die Teilnehmer Ihrer Besprechung.

Aus Erfahrung wissen wir, dass es vielen Menschen schwerfällt, konkrete Ziele zu formulieren und diese auch noch aufzuschreiben. Häufig hat man eine erste Idee im Kopf, die einem gefällt und mit der man in die Besprechung geht. Erst während der Diskussion wird plötzlich deutlich, dass dies so nicht funktioniert. Daher unser Appell: Gewöhnen Sie sich daran, Ihre Ziele immer aufzuschreiben. Vielleicht geht es Ihnen wie uns, dass wir erst beim Ausformulieren merken, wie unausgegoren manche Vorstellungen noch sind. Dann geht es ans Nachdenken, Umformulieren und immer wieder um die Frage: Was will ich genau mit dieser Gruppe bei diesem Thema in der dafür vorgesehenen Zeit am Ende der Sitzung erreicht haben? Folgendes Arbeitsblatt soll Ihnen beim zügigen Ausformulieren Ihrer Ziele helfen.

Ziele, Ziele, Ziele!

AUSFORMULIEREN DER ZIELE

Besprechung am: ....
1. Worum geht es in der Sitzung? Wie lautet mein TOP?
2. Wenn ich an meinen Auftrag, meine eigenen Interessen und an die Gruppe denke, möchte ich bei diesem TOP:

Informieren	Ein Ergebnis erarbeiten	Eine Vereinbarung oder Entscheidung treffen
Informieren Informationen austauschen	Problem beschreiben und analysieren Lösungsvorschläge entwickeln, aufbereiten, Entscheidungsvorlage vorbereiten Konsens herstellen	Entscheidungen treffen Umsetzungspläne verabschieden Maßnahmen koordinieren

3. Daraus folgt für das Ziel beziehungsweise die Ziele meines TOP: Am Ende der Sitzung haben wir

....

Beispiele aus der Praxis:
- In der Sitzung werden Organisation und Ablauf der Jahreshauptversammlung durch ... vorgestellt. Am Ende der Sitzung wissen alle Anwesenden, welche Aufgaben sie bei der Vorbereitung und Durchführung dieser Veranstaltung zu erledigen haben.
- Am Ende der Sitzung haben wir sämtliche Fragen zum neuen Rabattsystem diskutiert und alle Bedenken notiert, die uns beim Gedanken an die Umsetzung gekommen sind. Wir haben entschieden, wie wir diese Bedenken bei der Vertriebsleitung adressieren wollen.
- Am Ende der Sitzung haben wir fünf Kundenwünsche ausgewählt, die die technische Arbeitsgruppe unserer Firma in der nächsten Woche auf Realisierbarkeit prüfen soll.

Der Weg zum Ziel: Arbeitsschritte

> Mit welchem Vorgehen wollen Sie Ihre Besprechungsziele erreichen? Welche Arbeitsschritte schlagen Sie der Gruppe vor? Wie führen Sie in einen Tagesordnungspunkt ein und wie schließen Sie ihn ab?

Das Thema steht und das Ziel oder die Ziele sind ausformuliert. Gut so, denken viele Besprechungsleitungen und legen los. Bitte nicht! Unsere Empfehlung: Machen Sie sich – und mit zunehmender Erfahrung kann das ganz schnell gehen – noch Gedanken darüber, mit welchen Arbeitsschritten Sie das Thema angehen wollen. Sie sollten wissen, was die Gruppe konkret tun soll, um das Ziel zu erreichen.

INFORMATIONSDATENBANK PANDORA

Die Abteilungsleiterin »Business Intelligence« möchte mit ihren Mitarbeiterinnen und Mitarbeitern über Kundengruppen für das neue Produkt »Informationsdatenbank Pandora« sprechen. Zwei Ziele wird sie vorgeben: zum einen sollen fünf neue Kunden identifiziert werden, für die das neue Produkt von besonderem Nutzen sein könnte. Zum anderen sollen erste Ideen gesammelt und aufbereitet werden, wie diese Kunden in den nächsten Wochen in einem Pilotprojekt aktiv angesprochen werden können.

Eine mögliche Vorgehensweise, um diese Ziele zu erreichen, schaut folgendermaßen aus:

- Im ersten Schritt werden in einer Ideensammlung möglichst viele Kunden gesucht, für die das Produkt attraktiv sein könnte.
- Über jeden dieser Kunden soll sich in einer straff geführten Diskussion ausgetauscht werden: Welchen Zusatznutzen würde dem jeweiligen Kunden das neue Produkt bringen? Wie intensiv würde er das neue Produkt nutzen? Weitere Fragen kommen während der Vorbereitung noch hinzu.
- Anschließend sollen von allen Beteiligten gemeinsam die fünf Kunden bestimmt werden, zu denen schon gute Kontakte bestehen und bei denen die Verkaufschancen recht hoch sind.

Der Weg zum Ziel: Arbeitsschritte

Die Abteilungsleiterin lässt für dieses Pilotprojekt bewusst die gesamte Gruppe die Kunden auswählen, spätere Akquisemaßnahmen wird sie dann nach Auswertung aller Erfahrungen allein entscheiden. In einem weiteren Schritt werden gemeinsam in der Gruppe Ideen gesammelt, wie die einzelnen Kunden gezielt angesprochen werden sollten. Das Ergebnis wird ein Maßnahmenplan sein, auf dem Verantwortliche, Maßnahmen, Unterstützungsaktionen vonseiten der Abteilungsleiterin und Zeitpläne enthalten sind. Überlegen muss die Abteilungsleiterin in diesem Beispiel noch, wie viel Zeit die einzelnen Arbeitsschritte benötigen und wie die einzelnen Arbeitsfragen lauten, die sie ihren Mitarbeiterinnen und Mitarbeitern stellen wird, damit diese sich zielgerichtet Gedanken machen und mitdiskutieren.

Mit dem folgenden Arbeitsblatt können Sie das Vorgehen in Ihren Besprechungen systematisch vorbereiten.

ARBEITSSCHRITTE VORBEREITEN

Besprechung am: ....

Wie lautet TOP 1 und was möchte ich mit TOP 1 erreichen?

....

Mit welchen Arbeitsschritten will ich das Thema in der Gruppe behandeln? Oder: Wie will ich bei TOP 1 vorgehen, um das formulierte Ziel zu erreichen?

Mögliche Schritte:

O Informationen geben

O Ideen sammeln

O Ideen zusammenfassen

O Ideen bewerten

O Ideen auswählen

O Punkte diskutieren

O sich für einzelne Punkte entscheiden

O in Kleingruppen einzelne Teilfragen bearbeiten

Weitere Ideen:

....

....

Dieses Vorgehen mag auf den ersten Blick vielleicht nach sehr viel Arbeit aussehen. Wir empfehlen diese Mühe jedoch. Mit etwas Übung wird Ihnen dieses Vorgehen in Fleisch und Blut übergehen. Sie »erziehen« sich auf diese Weise Schritt für Schritt dazu, Besprechungen zielgerichtet und methodisch durchdacht vorzubereiten und durchzuführen.

Egal, ob es sich um eine etwas aufwendige Workshopsituation handelt wie in unserem Beispiel oder um eine knappe Stimmungsabfrage zu einer Idee von Ihnen, wo Sie sich nur überlegen, mit welchen Fragen an die Anwesenden Sie die Diskussion eröffnen.

Zum systematischen Vorgehen gehört natürlich auch die Einführung in das Thema während der Besprechung. Dazu eine Übersicht mit Schritten, die Sie je nach eigener Praxis genau so oder auch verkürzt nutzen können.

VORSCHLAG FÜR DIE BEHANDLUNG EINES TAGESORDNUNGSPUNKTES WÄHREND EINER BESPRECHUNG

- Nennen Sie ausdrücklich das Thema, das Sie behandeln wollen.
- Begründen Sie kurz, warum Sie dieses Thema in der Besprechung mit allen Teilnehmern behandeln wollen.
  Leitfrage: »Was ist der Anlass für die Beschäftigung mit diesem TOP?«
- Nennen Sie ausdrücklich das Ziel, auf das hin dieser TOP behandelt werden soll.
  Leitfrage: »Wenn die Bearbeitung des TOP abgeschlossen ist, wie sieht dann das Ergebnis beziehungsweise »Produkt« aus?«
- Nennen Sie den Zeitbedarf, den Sie für die Behandlung des TOP eingeplant haben.
  Leitfrage: »Wie lange wird die Behandlung des TOP ungefähr in Anspruch nehmen?«
- Stellen Sie, wenn nötig, mit wenigen Sätzen dar, wie Sie vorgehen wollen.
  Leitfrage: »Mit welchen Arbeitsschritten soll das Thema von mir und der Gruppe behandelt werden?«

Der Weg zum Ziel: Arbeitsschritte

- Sorgen Sie, wenn nötig, für die notwendigen Hintergrundinformationen, die die Anwesenden benötigen, um sich mit dem Thema zu beschäftigen. Informieren Sie selbst oder beauftragen Sie jemand anderen (Zeit zur Vorbereitung ermöglichen!). Leitfrage: »Was müssen die Anwesenden noch wissen, um das Thema erfolgreich bearbeiten zu können?«
- Starten Sie mit der Behandlung des TOP, sorgen Sie mit Fragen, Wiederholungen des in der Gruppe Gesagten oder mit Zusammenfassungen dafür, dass zielgerichtet am Thema gearbeitet wird.
- Schließen Sie die Behandlung des TOP mit einer Zusammenfassung des Ergebnisses und der getroffenen Vereinbarungen ab. Überlegen Sie dabei auch, was konkret in ein Protokoll aufgenommen werden soll.

Die Reihenfolge der Tagesordnungspunkte

Mit welchem TOP beginnen Sie Ihre Besprechung, mit welchem hören Sie auf? Neun Begründungen, mal so oder so vorzugehen.

- **Wichtige und dringende TOP (A/A-Themen) sollten möglichst an den Anfang** der Agenda gesetzt werden, wenn Gefahr besteht, dass sie später nicht mehr an die Reihe kommen könnten. Beispielsweise wenn die Zeit knapp wird, einige Teilnehmer »erfahrungsgemäß« nach einer bestimmten Zeit die Sitzung verlassen oder sonstige Unterbrechungen eintreten könnten.
- Die Reihenfolge bestimmter TOP ergibt sich aus Sachgründen, wenn sich **einzelne TOP aufeinander beziehen:** So kann beispielsweise der TOP »Urlaubsplanung« erst behandelt werden, wenn es bei TOP »Dienstleistungsangebote während der Sommerzeit« zu einer Entscheidung gekommen ist.
- Es kann sinnvoll sein, **verwandte TOP hintereinander abzuhandeln.** Die Teilnehmer der Besprechung sind mitten in der Thematik und müssen nicht zwischen unterschiedlichen Bereichen hin und her springen. Weiterhin fällt es den Anwesenden leichter, Beziehungen und Abhängigkeiten zwischen den Themen zu erkennen und bei der Behandlung zu berücksichtigen.
- **Es gibt TOP, die versprechen ein schnelles, alle zufriedenstellendes und motivierendes Ergebnis.** Sie können an den Anfang der Besprechung gestellt werden. Ihre Behandlung und zügige Erledigung schafft eine gute Stimmung und ein Erfolg versprechendes Besprechungsklima. Mit diesem Rückenwind kann sich die Gruppe dann an kompliziertere Themen wagen. Derartige Erfolgs-TOP können aber auch im Mittelfeld einer Besprechung vor ein schwieriges Thema gestellt oder direkt vor einer ge-

Die Reihenfolge der Tagesordnungspunkte

planten Pause abgehandelt werden. Sie sorgen für ein positives Pausenklima, das sich günstig auf die Fortführung der Sitzung auswirken kann.
- Die meisten **Teilnehmer sind zu Beginn einer Besprechung noch wach und engagiert.** Das spricht für eine frühzeitige Behandlung der Themen, die viel »wachen Geist«, Engagement und Kreativität verlangen.
- **Nach dem Essen sind die meisten Menschen eher zurückhaltend, gelegentlich etwas müde.** Es gibt Besprechungsleitungen, die hier bewusst Themen platzieren, bei denen eine kontroverse, engagierte und alle Anwesenden betreffende Diskussion sicher ist. Auch eine Möglichkeit, dem Biorhythmus entgegenzuwirken.
- Es gibt **Themen, die den Gruppenzusammenhalt eher fördern und andere, die Spannungen erzeugen.** Das kann bei der Planung von Besprechungen berücksichtigt werden. Wollen Sie mit den harmoniefördernden Themen beginnen, um die Kraft einer so vereinten Gruppe für die Behandlung eher kontroverser Themen zu nutzen? Oder wollen Sie mit den konfliktgeladenen Themen beginnen, um die Besprechung mit Themen zu beenden, die die Gruppe versöhnlich in den Arbeitsalltag entlässt?
- Es gibt Organisationen, da laufen bestimmte Besprechungen **immer nach der gleichen Ordnung ab:** Begrüßung, Verabschiedung des Protokolls der vorherigen Sitzung, Bericht der Geschäftsleitung, Bericht aus den Arbeitsgruppen, Sonstiges. Eine feste Ordnung gewährt Sicherheit und Kontinuität, nimmt Ihnen aber auch die Möglichkeit, als Leiterin auf die »Dramaturgie« einzuwirken.
- **Vorsicht beim TOP »Sonstiges«:** Viele Besprechungsleitungen verzichten grundsätzlich auf diesen Punkt, da »Sonstiges« leicht für politische Spielchen missbraucht werden kann, beispielsweise wichtige Themen quasi ohne Vorwarnung und Vorbereitung »durch die Hintertür« eingeschleust und plötzlich zur Abstimmung gestellt werden. Wirklich wichtige Themen gehören auf

die Agenda. »Kleinkram« kann außerhalb der Veranstaltung geregelt werden.

Die folgende Checkliste können Sie für jeden einzelnen Tagesordnungspunkt nutzen.

CHECKLISTE: INHALTE, ZIELE, VORGEHENSWEISE, ZEITPLANUNG UND BEFINDLICHKEITEN

TOP: Wie lautet das Thema? ....

Ziel: Auf welches Ziel hin möchte ich den TOP mit der Gruppe bearbeiten?
....

Vorgehen: Welche Arbeitsschritte plane ich für die Behandlung des TOP?
....

Zeit: Wie viel Zeit werden wir »realistisch« für die Bearbeitung dieses TOP benötigen? (s. Anmerkung 1)

....

Zuarbeit: Wer soll Hintergrundinformationen aufbereiten, um in den TOP einzuführen?

....

Einstellung der Teilnehmer: Mit welcher Einstellung werden die Teilnehmer den TOP behandeln? Wie muss ich mich vorbereiten?

....

Konflikte: Mit welchen möglichen Konflikten muss ich rechnen? Wie bereite ich mich vor? (s. Anmerkung 2)

....

Anmerkung 1: Ein bescheidener Vorschlag für eine realistische Zeitplanung: Addieren Sie einmal alle Zeiten für die TOP zusammen. Multiplizieren Sie diesen Wert dann mit 1,5 oder 2 (je nach Ihren bisherigen Erfahrungen im Umgang mit Besprechungszeiten) und addieren Sie zu diesem Wert noch zehn Minuten hinzu (für Begrüßung und Verabschiedung). Entspricht das Endresultat Ihrem Gesamtzeitbudget? Wenn ja: Herzlichen Glückwunsch. Wenn nein: Welchen TOP wollen Sie gegebenenfalls streichen?

Anmerkung 2: Wenn ich mir vorstelle, wie die Teilnehmer wohl mitarbeiten werden, welche Spielregeln kann ich der Gruppe vorschlagen, die eine effektive und zufriedenstellende Zusammenarbeit während der Besprechung unterstützen könnten?

Teil 3
Wer soll teilnehmen?

Die Teilnehmerinnen und Teilnehmer

> Anregungen und Auswahlkriterien für den Fall, dass Sie die Teilnehmerinnen und Teilnehmer Ihrer Besprechung selbst auswählen können.

Häufig werden Sie nicht die Möglichkeit haben, die Teilnehmer an Ihrer Sitzung selbst auszuwählen. Trifft sich eine Abteilung, dann kommen alle zusammen, die dazugehören, egal ob es vier oder 20 Personen sind. Mit vier können Sie Ihre Besprechung unproblematisch gestalten, mit 20 oder noch mehr Teilnehmern ist eine intensive Diskussion, bei der alle zu Wort kommen wollen oder sollen, kaum möglich. Hier sind andere Verfahren angesagt, beispielsweise eine moderierte Sitzung mit zwei Moderatoren oder die Bildung von Untergruppen.

Auch wenn Sie nicht immer sämtliche Teilnehmer für Ihre Sitzung selbst bestimmen können, können Sie gelegentlich mitentscheiden, wen Sie einladen wollen. Wir haben Ihnen eine Reihe von Fragen formuliert, die bei der Auswahl von Teilnehmern helfen können. Nicht immer geht es dabei nur um die fachliche Qualifikation. Es können unterschiedliche Gründe eine Rolle spielen, weshalb Sie jemanden bei einer Besprechung dabei haben wollen oder nicht. Für den Fall, dass Sie frei über die Auswahl entscheiden können, lassen Sie sich zu jeder Frage ein paar Namen einfallen.

Das folgende Arbeitsblatt können Sie einsetzen, um die Auswahl Ihrer Teilnehmer zielgenau zu treffen.

Die Teilnehmerinnen und Teilnehmer

DIE AUSWAHL DER TEILNEHMERINNEN UND TEILNEHMER

Besprechung am: ....

Themen und Ziele: ....
....
....

Wenn ich an Themen und Ziele denke:
Wer kann fachlich besonders viel zu einzelnen Themen beitragen?

....
....

Wer kann bis zum Besprechungstermin wichtige inhaltliche Fragen klären und die Ergebnisse in der Sitzung präsentieren?

....
....

Wer wird mein Besprechungsziel engagiert und überzeugend unterstützen?

....
....

Wer ist bei der späteren Umsetzung der getroffenen Entscheidungen wichtig, sollte also auch schon bei deren Zustandekommen beteiligt sein?

....
....

Wer ist von möglichen Entscheidungen besonders betroffen, sollte in der Besprechung also ausreichend zu Wort kommen?

....
....

Wer vertritt am deutlichsten die Meinung wichtiger Gruppen in unserer Organisation und kann deren Standpunkt vertreten und verständlich vermitteln?

....
....

Wer verfügt über gute Methodenkompetenz und verhält sich in Besprechungen besonders zielorientiert?

....

....

Wer verhält sich in Besprechungen ausgleichend und konfliktdämpfend?

....

....

Wer vertritt in Besprechungen unbequeme Positionen auf eine Art und Weise, die den inhaltlichen Arbeitsprozess fördert?

....

....

Wer trägt in problematischen Entscheidungssituationen dazu bei, dass kreative Lösungen gefunden werden, die zu einer Win-win-Situation führen?

....

....

Mit wem verstehe ich mich als Leiterin in Besprechungen besonders gut, mit wem arbeite ich immer wieder gern zusammen?

....

....

Wem würde ich mit der Einladung zu dieser Besprechung eine Freude, einen Gefallen oder guten Dienst erweisen?

....

....

Wer repräsentiert beispielsweise eine Minderheit, die bei diesem Thema eine abweichende Haltung vertritt, und die jedoch für das langfristige Gelingen des Projekts wichtig ist? Und wer tut dies zudem auf eine wertschätzende sachbezogene Art?

....

....

Wen möchte ich auf keinen, aber auch auf gar keinen Fall bei dieser Besprechung dabei haben?

....

....

Teil 4

»Treten Sie nur ein in die gute Stube!«

Raum, Technik und Knabbereien

Von der Wichtigkeit der Bequemlichkeit, einiger technischer Notwendigkeiten, des unverzichtbaren leiblichen Wohls und der Einladung.

Besprechungen scheitern häufig an »Kleinigkeiten«, die für eilige Manager, denen es in erster Linie um Ziele, Inhalte, Strukturen und Effizienz geht, nicht so wichtig sind: Da trifft sich eine Gruppe, um sich Gedanken zu einer bevorstehenden Organisationsveränderung zu machen und muss in einem kalten Raum sitzen: Die Kreativität friert buchstäblich ein. Da soll 30 Personen ein neues Projekt vorgestellt werden und keiner hat sich um den Beamer gekümmert, der »doch sonst immer in diesem Raum herumsteht«. Da geht es um eine Konfliktklärung zwischen zwei Vertriebsteams, doch die penetranten Bohrgeräusche einer Straßenbaufirma erreichen, dass die Stimmung unter allen Beteiligten immer gereizter wird. Und wenn es nicht die Technik ist, die Ärger bereitet, sind es die Smartphones, die die wichtigen Leute an entscheidenden Stellen ablenken oder gar aus dem Raum locken.

Um es auch einmal positiv zu beschreiben: Es sollen auch schon einmal die besonders ausgezeichneten Kekse gewesen sein (also nicht die, die sowieso in jedem Unternehmen als bunte Mischung angeboten werden!), die kritische Sitzungsteilnehmer zum Weiterarbeiten »verführt« und damit entscheidend zum Erfolg eines Projekts beigetragen haben. Erfahrene Besprechungsleiterinnen verwenden zwar wenig Zeit auf den organisatorischen Rahmen einer Besprechung, denken jedoch trotzdem daran und räumen Hindernisse beizeiten aus dem Weg. Die folgende Checkliste soll dabei helfen.

Raum, Technik und Knabbereien

CHECKLISTE RAUMPLANUNG, TECHNIK UND AUSSTATTUNG

Besprechung am: ....

Wie beurteilen Sie den Raum für die geplante Besprechung?

	Gewährleistet	Es gibt Einschränkungen
Ist der Raum groß genug, um sich frei darin zu bewegen (Daumenregel: ungefähr fünf Quadratmeter pro Teilnehmer)?	O	O
Ausreichende Helligkeit vorhanden (wenn möglich Tageslicht)?	O	O
Verdunkelungsmöglichkeiten für den Einsatz eines Beamers vorhanden?	O	O
Ruhige Atmosphäre, keine Lärmbelästigung?	O	O
Raumtemperatur regelbar, Belüftung komfortabel?	O	O
Bequeme, zum konzentrierten Arbeiten einladende Sitzgelegenheiten?	O	O
Ist der Raum für die gesamte Dauer der Besprechung verfügbar?	O	O

Noch zu treffende Maßnahmen:

....

....

....

Wie beurteilen Sie die Technik für die geplante Besprechung?

	Gewährleistet	Noch zu besorgen
Beamer, Laptop, Monitor (Ton!) samt Anschlüsse vorhanden?	O	O
Pinnwände, Moderationsmaterial (Stifte, Karten ...) vorhanden?	O	O
Flipchart, Papier und Stifte vorhanden?	O	O

Möglichst neue Stifte unterschiedlicher Farben für Flipchart und Whiteboard vorhanden?	O	O
Unterlagen, Schreibpapier, Stifte für Teilnehmer und Gäste vorhanden?	O	O
Smartphone für die Protokollierung von Flipcharts und Plakaten vorhanden?	O	O

Noch zu treffende Maßnahmen:

....

....

....

Der Mensch lebt nicht von geistiger Anstrengung allein!

	Gewährleistet	Noch zu besorgen
Kaffee, Tee, Kaltgetränke, Geschirr, Gläser, Flaschenöffner vorhanden?	O	O
Obst, Kekse oder Ähnliches vorhanden?	O	O
Eventuelle Bewirtung in der Mittagspause vorgesehen?	O	O
Zum erfolgreichen Abschluss des Tages: Sekt, Selters oder Milch vorgesehen?	O	O
Kommen auch die letzten beiden Raucher unseres Konzerns auf ihre Kosten, ohne die anderen zu stören?	O	O

Noch zu treffende Maßnahmen:

....

....

Einladung und Unterlagen

> Was kommt in die Einladung zu einer Besprechung? Was sollten Sie unbedingt beachten, wenn Sie mit der Einladung auch Unterlagen zur Vorbereitung verschicken?

Zu manchen Besprechungen wird nicht besonders eingeladen, man trifft sich auf dem Flur und setzt sich zusammen. Bei telefonischen Einladungen bekommt der Einladende sofort eine Rückmeldung und kann aufkommende Fragen klären.

Und letztlich kann schriftlich eingeladen werden, in der Regel per E-Mail und über Outlook. Damit stellen Sie sicher, dass alle Eingeladenen über dieselbe Information zur Besprechung verfügen und dass zumindest sämtliche organisatorischen Fragen im Vorfeld geklärt sind.

Je nachdem, wie ausführlich Sie inhaltlich vorab informieren wollen, können Sie auf die Motivation und das Interesse der Teilnehmer einwirken. Und noch eine Anregung: Manche Besprechungsleiterinnen sprechen auch zu Routinebesprechungen eine Einladung aus, selbst wenn diese nur telefonisch ist oder über elektronische Post knapp formuliert wird. Sie signalisieren damit allen Teilnehmern, dass Sie auch mit dieser Sitzung ein besonderes Ziel verfolgen und sie nicht einfach nur abgehalten wird, weil wieder einmal Montag 10:00 Uhr ist.

CHECKLISTE EINLADUNG ZUM MEETING

Besprechung am: ....

In die Einladung an die Teilnehmer aufzunehmen:

	Steht fest, kann aufgeführt werden	Muss ich noch überdenken / ausformulieren
Termin der Besprechung/Datum	O	O
Beginn	O	O
Voraussichtliches Ende	O	O
Ort, Raum, Erreichbarkeit, Parkmöglichkeiten	O	O
Besprechungsleitung	O	O
Teilnehmer	O	O
Gäste (auch bei zeitweiser Teilnahme)	O	O
Thema der Besprechung oder Tagesordnung	O	O
Ziele der Besprechung oder der einzelnen TOP (Tipp: Formulieren Sie Inhalt und Ziel eines jeden TOP so, dass die Teilnehmer genau wissen, was am Ende des TOP erreicht werden muss und was von den Teilnehmern selbst erwartet wird.)	O	O
Hinweise auf Vorabmaterial mit Begründung für dessen Einsatz	O	O
Hinweise, warum und wie sich auf bestimmte Punkte vorzubereiten ist (wichtig für Personen, mit denen ein aktiver Part abgesprochen wurde)	O	O
Bitte um Teilnahmebestätigung	O	O
Hinweise zur Kleiderordnung (wenn notwendig)	O	O

Einladung und Unterlagen

Möglicherweise einige Sätze, die zur sorgfältigen Vorbereitung motivieren könnten	O	O
Eventuell einige Sätze, die dazu führen, dass die Eingeladenen sich auf die Sitzung freuen	O	O

Noch zu treffende Maßnahmen:

....

CHECKLISTE UNTERLAGEN

Wenn Sie sich entscheiden, an die Teilnehmer zur Vorbereitung Unterlagen zu verschicken, dann sollten Sie Folgendes beachten:

	Gewährleistet	Muss ich noch tätig werden
Diese sollen nicht sehr umfangreich sein, sonst liest sie keiner (ca. zwei bis vier Seiten).	O	O
Es ist wichtig, diese nicht allzu lange vor der Besprechung verschickt werden, sonst werden sie erst einmal beiseitegelegt und dann vergessen (also etwa ein bis zwei Wochen vorher).	O	O
Allerdings sollten die Unterlagen nicht allzu knapp vor der Besprechung verschickt oder verteilt werden, sonst kommt keiner dazu, sie zu lesen.	O	O
Sie sollten sich überlegen, wie Sie Ihre Teilnehmer motivieren können, diese Unterlagen zu lesen. Leitfrage: »Welchen Nutzen bringt die Lektüre?«	O	O
Sie können sich letztlich doch noch einmal kritisch prüfen, ob die Unterlagen vorher verschickt werden müssen oder ob es nicht andere Möglichkeiten der inhaltlichen Vorbereitung auf die Sitzung gibt: Telefonate, Business-Lunch, Kurzpräsentation zu Beginn der Sitzung und anderes mehr.	O	O
Achten Sie darauf, dass diese möglichst lesefreundlich gestaltet sind: Übersichten, Schaubilder, Grafiken, Stichworte, Bilder.	O	O

Noch zu treffende Maßnahmen:

....

Und wenn den Teilnehmern Gelegenheit gegeben wird, eigene Themen und Präsentationen mitzubringen, dann könnten die Regeln dafür so aussehen, wie im folgenden Beispiel aus einem großen deutschen Konzern.

REGELN FÜR PRÄSENTATIONEN IN SITZUNGEN

- Die Themen sind drei Tage vor der Sitzung über das Anmeldeformular anzumelden.
- Die Abteilungsleiterinnen und Abteilungsleiter der betroffenen Abteilungen sind über die Themenmeldung zu informieren. Sie sind für Form sowie Inhalt der Präsentationen verantwortlich.
- Präsentationsunterlagen sind mindestens zwei Tage im Vorfeld einzureichen. Themen, zu welchen keine Unterlagen vorliegen, werden bei Finalisierung der Agenda nicht berücksichtigt.
- Eine Beschlussvorlage ist Pflichtbestandteil der Präsentationsunterlagen.
- Der Zeitrahmen pro Vorstellpunkt beträgt maximal 20 Minuten. Dabei sind etwa 50 Prozent für den Vortrag und 50 Prozent für die Diskussion einzuplanen. (Faustregel: zwei Minuten Vortrag pro Folie!)

Teil 5

Aufbau und Ablauf einer Besprechung

Vom Start zum Ziel – systematisch vorgehen

> Sie beginnen mit dem »Beginn vor dem Beginn«, dann kommt die Begrüßung, danach vielleicht die persönliche Vorstellung der Leiterin und der Teilnehmer, dann Themen und unbedingt die Ziele … Also: Wie fangen Sie an und was geschieht danach? Zu guter Letzt: Wie gestalten Sie einen guten Schluss? Gesamtcheckliste am Ende des Kapitels!

In der Praxis lassen sich viele Möglichkeiten beobachten, eine Sitzung zu eröffnen, durchzuführen und zu beenden. Die meisten Besprechungsleitungen entwickeln im Laufe der Zeit ihre ganz individuellen Vorgehensweisen. Häufig wurden diese von Vorgesetzten oder Kollegen übernommen. Sie haben sich mehr oder weniger bewährt, werden jedoch selten hinterfragt oder auch einmal bewusst verändert.

Sie erhalten in diesem Kapitel ein umfangreiches und ausführliches Phasenmodell für den Einstieg, den Hauptteil und den Schluss einer Besprechung. Es soll Ihnen als Vorlage für die Vorbereitung Ihrer ganz eigenen Besprechungen dienen und muss daher an Ihre Praxis angepasst – also beispielsweise gekürzt oder in der Reihenfolge geändert – werden.

Vom Start zum Ziel – systematisch vorgehen

**GESAMTÜBERSICHT:
PHASENMODELL EINER BESPRECHUNG**

EINLEITUNG	HAUPTTEIL EINLEITUNG	ABSCHLUSS
»Der Beginn vor dem Beginn«	**Für jeden TOP Ziel und Vorgehensweise festlegen**	**Aktionsplan/ Maßnahmenplan**
Begrüßung • Begrüßung der Teilnehmer • persönliche Vorstellung der Leitung • Vorstellung der Teilnehmer • organisatorische Hinweise	In der Sitzung zu erreichen: • Informieren • Informationen austauschen • Problem analysieren und beschreiben • Lösungsvorschläge sammeln, diskutieren, aufbereiten • Konsens herstellen • Entscheidungen treffen • Umsetzungspläne verabschieden • Maßnahmen koordinieren	Abgleich der Erwartungen Rückschau Verabschiedung

Zielorientierung und Ablauf
• Anlass der Sitzung
• Thema, Ziel und Rollen der Beteiligten
• Protokollant festlegen, Art des Protokolls vereinbaren

Erwartungen der Teilnehmer

Spielregeln

EINLEITUNG 1: »DER BEGINN VOR DEM BEGINN«

Es gibt Besprechungsleiterinnen, die auf jeden Fall vor den ersten Teilnehmern im Raum sind. So können Sie die Ankommenden empfangen, persönlich begrüßen, erste Gespräche führen und ein Gefühl für die Stimmung in der Gruppe bekommen. Sie nehmen ihre Rolle als Besprechungsleiterin schon vor der Begrüßung wahr.

Es gibt aber auch Leiterinnen, die kommen grundsätzlich als letzte ungefähr eine Minute vor dem offiziellen Beginn und inszenieren einen scheinbar vollständig auf die Sache konzentrierten schnellen Anfang: »Guten Tag meine Damen und Herren, ich sehe, dass die Zeit fortgeschritten ist, lassen Sie uns anfangen ...«

Anregungen für meinen »Beginn vor dem Beginn«:
....
....
....

EINLEITUNG 2: BEGRÜSSUNG

BEGRÜSSUNG DER TEILNEHMER: Mit Ihren ersten Sätzen tragen Sie viel zur Gestaltung der Atmosphäre bei: Sie können beispielsweise Zeitdruck vermitteln, Unruhe, Nervosität oder Gelassenheit, Konzentration auf die Themen, Fröhlichkeit, Wertschätzung der Gruppe. Unsere Empfehlungen lauten daher:

- Eröffnen Sie kurz und freundlich mit einfachen Sätzen.
- Vermeiden Sie immer wiederkehrende Floskeln, wie beispielsweise »Es ist mir ein besonderes Vergnügen, auch die Kollegen aus der Abteilung ...« oder »Wie Sie wissen, haben wir wenig Zeit, daher ...«
- Zeigen Sie eine freundliche Mimik, blicken Sie in die Runde und nehmen Sie dabei Blickkontakt zu allen Anwesenden auf.

Vom Start zum Ziel – systematisch vorgehen

- Und wenn es passt, finden Sie vielleicht einen »Opener« für Ihre Sitzung, also eine kleine Geschichte, einen aktuellen Bezug zu einem TOP, ein witziges Chart – irgendetwas, das »die Herzen der Teilnehmer öffnet« und alle mit einem Lächeln starten lässt. Wichtig dabei: Unserer Meinung nach sollte solch ein Opener auf jeden Fall wertschätzend sein, positiv, authentisch und ehrlich. Und wenn Ihnen nichts einfällt – auch gut.

Anregungen für meine nächste Begrüßung:

....
....
....

PERSÖNLICHE VORSTELLUNG DER LEITERIN: Natürlich müssen Sie sich nur vorstellen, wenn es einzelne Teilnehmer gibt, die Sie nicht kennen. Dabei sollten Sie Folgendes beachten:

- In solchen Fällen sollten Sie begründen, warum Sie sich vorstellen.
- Wenige Sätze zu Ihrer Person und Aufgabe im Unternehmen genügen.
- Stellen Sie kurz dar, was Sie mit den Inhalten der heutigen Besprechung zu tun haben (Ihre Kompetenz).
- Wenn Sie sich in der Runde zuerst vorstellen, unbedingt kurz fassen, damit Sie nicht das Vorbild für ausschweifende Profilierungskünste anderer Teilnehmer werden.
- Es gibt Besprechungsleitungen, die besonders bei ihnen unbekannten Teilnehmern ausgewählte persönliche Themen einbauen, um ein erstes Angebot für eine stabile Beziehung zu machen. Das können kurze Anmerkungen zur eigenen Familie sein, zum Wohnort, zur Herkunft, zu Hobbys oder zu Gefühlen ausgelöst durch aktuelle, allen bekannten Ereignisse.

Anregungen für meine nächste Vorstellung:

....

....

....

VORSTELLUNG DER TEILNEHMER: Die Vorstellungsrunde der Teilnehmer sollten Sie nur durchführen, wenn sich mehrere Teilnehmer untereinander nicht kennen. Begründen Sie dann, warum Sie die Vorstellungsrunde durchführen. Weisen Sie darauf hin, dass es sich um ein erstes Kennenlernen handelt, sich daher alle sehr kurz fassen sollen. Manchmal hilft hier der Hinweis: »Bitte maximal eine Minute pro Person.«

Sie können inhaltliche Vorschläge zur Runde machen, beispielsweise indem Sie bitten, dass jeder nur seinen Namen nennt. Sie können auch um eine spezifische Vorstellung bitten und zum Beispiel sagen: »Stellen Sie sich bitte kurz mit Namen vor und sagen Sie dann in welcher Abteilung Sie arbeiten und seit wann Sie im Unternehmen sind.«

Wichtig: In dieser frühen Phase des Treffens möglichst eine inhaltliche Diskussion eines vielleicht kontroversen Themas vermeiden. Also nicht: »Stellen Sie sich doch einmal vor und erzählen dann gleich, was Sie von einem Projekt zur Leistungsverbesserung in unserem Unternehmen halten.« Sie laufen Gefahr, dass eine kontroverse Diskussion beginnt und die Sitzung in eine ungewünschte Richtung verläuft.

Alternative: Sie stellen als Besprechungsleiterin die Teilnehmer kurz mit Namen und Funktion vor und begründen, warum Sie die Einzelnen zu dieser Sitzung eingeladen haben.

Anregungen für meine nächste Teilnehmervorstellung:

....

....

....

Vom Start zum Ziel – systematisch vorgehen

ORGANISATORISCHE HINWEISE: Sagen Sie nun alles, was Sie zu Beginn der Besprechung unbedingt noch zu Zeiten, Pausen, Getränken oder den Räumlichkeiten vermitteln wollen. Sie können an dieser Stelle auch gleich eine Smartphone-Regelung treffen: Versuchen Sie es! Später mehr dazu.

Schließen Sie ab mit:»Wer hat zu den genannten Zeiten und zur Organisation noch Fragen?« Wenn sich jetzt niemand meldet, haben sich alle verpflichtet, tapfer bis zum Ende der Veranstaltung durchzuhalten. Damit sind die Zeit sowie die Teilnahme bis zum »bitteren Ende« vereinbart.

Anregungen für meine nächste Sitzungsleitung:

....

....

....

EINLEITUNG 3: ZIELORIENTIERUNG UND VORGEHEN

ANLASS DER SITZUNG: Als Besprechungsleiterin stellen Sie mit wenigen Worten den Anlass für die aktuelle Besprechung vor. Was hat dazu geführt, dass Sie diese Sitzung heute einberufen wollten? Sie können die Wichtigkeit der Besprechung hervorheben und auch kurz begründen. So fördern Sie die Motivation für eine engagierte Beteiligung.

Auch bei Routinesitzungen wie wöchentliche Abteilungsbesprechungen sollten Sie den Anlass vorstellen. Es soll doch auf keinen Fall der Eindruck entstehen, man treffe sich nur um des Treffens willen. Sie können beispielsweise sagen:»Ich hatte die regelmäßige Runde auch deshalb eingeführt, damit wir aufkommende Probleme in unserer Abteilung schon im Vorfeld erkennen, ansprechen und diskutieren können. Aus diesem Grunde ist mir das heutige Treffen besonders wichtig, weil ich mit Ihnen ...«

Anregungen für meine Darstellung des Sitzungsanlasses:

....

....

....

Für den Fall, dass die Besprechung nicht mehrere TOP, sondern nur ein Thema umfasst, gilt Folgendes:

THEMA DER BESPRECHUNG, ZIEL UND ROLLEN DER BETEILIGTEN: Nennen Sie ausdrücklich noch einmal das Thema der Sitzung. Sie geben damit ein gemeinsames Motto vor, über das auch nach der Sitzung noch gesprochen werden kann – alle wissen später genau, was beispielsweise unter der Formel »Neukunden für Pandora« zu verstehen ist.

Stellen Sie in kurzen Worten vor, was Sie in der Sitzung erreichen wollen, nennen Sie das beabsichtigte Ergebnis einer erfolgreichen Behandlung des Themas. Begründen Sie auch, warum Sie dieses Ziel erreichen wollen. Nach Vorstellung Ihres Zieles sollte jeder der Anwesenden wissen, was genau am Ende der Besprechung erreicht werden soll.

Machen Sie deutlich, welche Rolle die Anwesenden bei der Zielerreichung spielen, beispielsweise so: »Ich möchte mit Ihnen zusammen einige interessante Kunden für unsere Datenbank bestimmen ... Ich erhoffe mir von Ihnen, dass Sie Ihre Erfahrungen, Bedenken, Zweifel äußern. Ich möchte, dass Sie in der nächsten Stunde ... Da Sie es sind, die mit der neuen Regelung arbeiten, biete ich Ihnen an ...«

Gelegentlich macht es Sinn, dass die Besprechungsleiterin auch ihre eigene Rolle während der Besprechung offenlegt, beispielsweise so: »Ich werde mich an der Suche nach neuen Kunden natürlich beteiligen und bin gespannt, zu welchen gemeinsamen Ergebnissen wir kommen.« Oder: »Ich habe mir zu diesem Punkt noch keine abschließende Meinung gebildet, bin also im Moment für Ihre Anregungen offen und werde in dieser Sitzung erst einmal zuhören und mehr moderierend tätig sein. Gern gebe ich Ihnen am Ende der Sitzung ...«

Anregungen für meine nächste Sitzungsleitung:

....

....

....

Vielleicht noch kurz eine Anmerkung zur Rolle der Besprechungsleitung: Es soll Vorgesetzte geben, die ganz »auf offen machen«, deren Entscheidung in der behandelten Angelegenheit aber schon feststand. Ziel dabei ist, der Gruppe ein Gefühl von Mitbestimmung zu vermitteln, sie zum motivierten Arbeiten zu bringen und zu hoffen, dass sie das Ergebnis erzielt, das schon im Vorfeld festgelegt war. So etwas soll es durchaus geben, auch heute noch im 21. Jahrhundert. Nun merken die Teilnehmer in den meisten Fällen natürlich, wohin die Reise gehen soll und verhalten sich entsprechend. Da wäre es ehrlicher, die Gruppe zusammenzurufen und eine getroffene Entscheidung mitzuteilen und zu begründen. Auch das kann das Ziel einer Sitzung sein. Uns ist wichtig, dass Sie sich als Besprechungsleitung völlig darüber im Klaren sind, was Ihre Teilnehmer zu leisten haben und wie Ihr eigener Part in der Sitzung aussehen soll.

- Wollen Sie leiten, ohne inhaltlich einzugreifen?
- Wollen Sie sich inhaltlich als Gleiche unter Gleichen engagieren?
- Wollen Sie Ihre Ideen in der Diskussion prüfen, eventuell verändern?
- Oder wollen Sie Ihre Interessen in einem Entscheidungsprozess, den Sie selbst leiten, durchsetzen?

Sie haben vielfältige Möglichkeiten, wie Sie agieren können. Sie sollten nur wissen, was Sie wollen. Unsere Empfehlung lautet, Ihr Vorgehen auch offen zu benennen und sich konsequent danach zu verhalten. Dann wissen die Anwesenden, woran sie sind. Wir plädieren also für offene Karten.

Für den Fall, dass die Besprechung mehrere Tagesordnungspunkte hat, gilt Folgendes:

VORGEHEN IN DER SITZUNG, TAGESORDNUNGSPUNKTE, ZEITEN: Stellen Sie die Reihenfolge der TOP vor und begründen Sie, warum Sie für jeden Punkt wie viel Zeit eingeplant haben. Sie schaffen dadurch Transparenz über Ihre Vorgehensweise und beteiligen die Gruppe daran, den Zeitplan einzuhalten.

Fragen Sie die Gruppe, ob es zu dieser Reihenfolge und Zeitplanung Fragen gibt. Verhindern Sie jedoch, dass jetzt schon inhaltlich diskutiert wird. Es geht ausschließlich darum, das Gesamtprogramm für alle Beteiligten transparent zu machen und – wenn es keine gravierenden Einwände gibt – gemeinsam zu vereinbaren. Damit legen Sie auch einen Teil der Zeitverantwortung in die Hände der Besprechungsteilnehmer.

Unser besonderer Tipp: Stellen Sie den Ablauf von sehr langen Sitzungen mit den geplanten Zeiten für alle gleichermaßen sichtbar dar, beispielsweise auf einem Flipchart. Jeder Teilnehmer kann auf diese Weise während der gesamten Besprechungsdauer erkennen, wo sich die Gruppe befindet, was schon erreicht wurde, was noch zu leisten ist, wie viel Zeit noch bleibt. So haben auch die Gruppenteilnehmer die Möglichkeit, sich selbst nach den zeitlichen Vereinbarungen zu richten oder untereinander auf das Einhalten des Zeitplans hinzuwirken.

Wenn Sie auf diese Visualisierung auch die Ziele aufnehmen, kann die Gruppe sogar noch Mitverantwortung für Zielorientierung und -steuerung übernehmen.

Vom Start zum Ziel – systematisch vorgehen

Anregungen für meine nächste Sitzungsleitung:

....

....

....

PROTOKOLLANT FESTLEGEN, ART DES PROTOKOLLS ABSPRECHEN: Klären Sie, ob Sie ein Protokoll benötigen und wer das Protokoll erstellt. Bei regelmäßig stattfindenden Sitzungen erleichtert es die Suche nach dem Protokollanten, wenn es eine feste Reihenfolge gibt. Jeder weiß, wann er an der Reihe ist und kann sich darauf einstellen. Klären Sie zudem die Art des gewünschten Protokolls (dazu später mehr auf Seite 126 ff.).

Anregungen für meine nächste Sitzungsleitung:

....

....

....

DER STATUSBERICHT: Dieser ist eine Besonderheit bei regelmäßig stattfindenden Meetings. Zu den Maßnahmen vorhergehender Sitzungen wird über den Stand der Dinge berichtet. Denn gerade bei regelmäßig stattfindenden Besprechungen ist es wichtig, den Bearbeitungsstand der Maßnahmen aus den vorhergehenden Sitzungen zu kommunizieren. Dies erhöht langfristig die Verbindlichkeit von Festlegungen und Entscheidungen in einer Besprechung und bedeutet zudem eine starke Wertschätzung für das Engagement der Verantwortlichen. Zum Vorgehen:

- Der Maßnahmenplan der vorhergehenden Sitzung wird präsentiert und die jeweils Verantwortlichen berichten kurz über den Stand der Umsetzung.
- Bei jedem Bericht kurz (!) überlegen, ob sich daraus ein Thema für die aktuelle Sitzung ergibt – beispielsweise eine Diskussion

darüber, wie einer bisher schleppend verlaufenen Umsetzung neuer »Schwung« mitgegeben werden kann. In diesem Fall muss die aktuelle Agenda ergänzt werden.

Anregungen für meine nächste Sitzungsleitung:

....

....

....

EINLEITUNG 4: ERWARTUNGEN DER TEILNEHMER

Die Teilnehmer einer Sitzung haben Erwartungen an das, was dort geschehen soll. Zwar hört man gelegentlich auch die Aussage: »Ich habe keine Erwartungen, ich warte einmal ab, was kommt.« Aber genau das ist häufig nur eine Umschreibung der Erwartung: »In den nächsten Minuten soll vor allem die Besprechungsleiterin etwas Interessantes bieten.«

Besonders in Workshops oder längeren Besprechungen, in denen über mehrere Stunden hinweg etwas erarbeitet werden soll, kann es sinnvoll sein, die Erwartungen aller Gruppenteilnehmer transparent zu machen. Bei kurzen Sitzungen oder Routinebesprechungen fällt dieser Punkt einfach weg. Dies hilft allen Beteiligten zu verstehen, wofür sich die Einzelnen engagieren. Dadurch kann ein offener Meinungsaustausch gefördert werden. Jeder kann so auch erkennen, wo es Überschneidungen mit den eigenen Erwartungen gibt: »Ich bin in diesem Punkt nicht allein, es gibt andere, denen geht es genauso.« Und es wird sichtbar, wo es Minderheitenerwartungen gibt, mit denen sich die Gruppe beschäftigen muss.

Für die Besprechungsleiterin ist diese Runde deshalb wichtig, weil sie erkennen kann, inwieweit die Erwartungen in der Gruppe die Zielerreichung unterstützen und wo sie eventuell noch zusätzliche Informationen nachliefern muss. Die Erwartungsabfrage kann auch eine »unangenehme« Leitungsaufgabe auslösen, wenn es darum

Vom Start zum Ziel – systematisch vorgehen

geht, unrealistische Erwartungen auszuschließen. Wenn es beispielsweise eindeutiger Auftrag an die Sitzungsteilnehmer ist, Kunden für das Pilotprojekt »Verkauf einer neuen Datenbank« zu benennen, dann kann eine Erwartungsäußerung wie: »Ich möchte hier Sinn und Notwendigkeit dieser neuen Datenbank einmal grundsätzlich diskutieren« nicht unwidersprochen stehenbleiben.

Sie können als Leiterin zu Beginn des TOP vielleicht noch einmal in wenigen Minuten Beweggründe für die Datenbank darstellen – das ist unserer Meinung nach aber auch das Maximum, wie Sie dieser Erwartung im Rahmen der vorgesehenen Sitzung nachkommen können.

Werden die Erwartungen zu Beginn der Sitzung geäußert, sollte die Besprechungsleiterin am Ende einen Erwartungsabgleich vornehmen und die Teilnehmer sich dazu äußern lassen, inwieweit die Erwartungen erfüllt wurden.

Anregungen für meine nächste Sitzungsleitung:

....
....
....

EINLEITUNG 5: SPIELREGELN:

Wenn Sie sich für die Sitzung Regeln überlegt haben, die den Umgang der Gruppenmitglieder untereinander unterstützen sollen, visualisieren Sie diese Regeln und begründen Sie, warum Sie Regeln für sinnvoll halten und warum Sie gerade diese vorschlagen.

Manche Leiterinnen bieten besprechungserfahrenen Gruppen an, gemeinsam sinnvolle, wirksame und Erfolg versprechende Spielregeln zu erarbeiten. Dies erhöht die Chance, dass sich viele auch an diese Regeln halten, das Erarbeiten kostet jedoch etwas Zeit.

Andere Leiterinnen bieten erst in Konfliktsituationen während der Besprechung Spielregeln an oder erarbeiten diese gemeinsam mit der Gruppe, um ein an der Sache orientiertes zielgerichtetes Weiterarbeiten zu fördern.

Wichtig ist uns: Regeln machen nur Sinn, wenn Sie dabei helfen, einen gemeinsamen Arbeitsprozess effektiver und zufriedenstellender zu gestalten und dies (möglichst) auch von den Anwesenden so empfunden wird. Eine Regel wie beispielsweise »Bei der Behandlung von TOP ... schauen wir bewusst nicht in die Vergangenheit, fragen also nicht nach Ursachen, Schuld, Verursachern ... Sondern wir schauen gezielt in die Zukunft. Wir überlegen ausschließlich, wie das Thema in Zukunft behandelt, entschieden, bearbeitet ... werden soll.« kann verhindern, dass »schmutzige Wäsche« gewaschen und in Schuldzuweisungen und persönlichen Animositäten geschwelgt wird. Eine Regel wie »Jeder darf maximal eine Minute lang sprechen« kann in manchen Gruppen helfen, wird aber gelegentlich von vielen als oberlehrerhafte Bevormundung empfunden. (Weitere Vorschläge für Spielregeln finden sich auf Seite 93 f.)

Anregungen für meine nächste Sitzungsleitung:

....
....
....

HAUPTTEIL: DIE BEHANDLUNG DER EINZELNEN TAGESORDNUNGSPUNKTE

Hat eine Besprechung mehrere TOP, kann jedes Thema wie folgt behandelt werden:

- Nennen Sie ausdrücklich das Thema, das an der Reihe ist.
- Begründen Sie kurz, warum Sie dieses Thema in der Besprechung mit allen Teilnehmern behandeln wollen.
Leitfrage: »Was ist der Anlass für die Beschäftigung mit diesem TOP?« oder »Warum ist das Thema für diese Gruppe wichtig?«

Vom Start zum Ziel – systematisch vorgehen

- Nennen Sie ausdrücklich das Ziel, auf das hin dieser TOP behandelt werden soll.
  Leitfrage: »Wenn die Bearbeitung des TOP abgeschlossen ist, wie sieht dann das Ergebnis beziehungsweise Produkt aus?«
- Nennen Sie Ihre Erwartungen an die Gruppe.
  Leitfragen: »Welche Aufgabe hat die Gruppe bei der Bearbeitung des TOP? Was erwarte ich mir von den Anwesenden?«
- Nennen Sie den Zeitbedarf, den Sie für die Behandlung des TOP eingeplant haben.
  Leitfrage: »Wie lange wird die Behandlung des TOP ungefähr in Anspruch nehmen?«
- Stellen Sie mit wenigen Sätzen dar, wie Sie vorgehen wollen.
  Leitfrage: »Mit welchen Arbeitsschritten soll das Thema von mir und der Gruppe behandelt werden?«
- Sorgen Sie – wenn nötig – für ausreichende Hintergrundinformationen zum Thema. Informieren Sie selbst oder beauftragen Sie jemand anderen (Zeit zur Vorbereitung ermöglichen!).
  Leitfrage: »Was müssen die Anwesenden noch wissen, um das Thema bearbeiten zu können?«
- Starten Sie mit der Behandlung des TOP, sorgen Sie mit Fragen, Wiederholungen des in der Gruppe Gesagten oder Zusammenfassungen dafür, dass zielgerichtet am Thema gearbeitet wird. Unsere Erläuterungen und Empfehlungen dazu finden sich in den folgenden Kapiteln.
- Schließen Sie die Behandlung des TOP mit einer Zusammenfassung der Ergebnisse und der getroffenen Vereinbarungen beziehungsweise Maßnahmen ab. Überlegen Sie dabei auch, was konkret in das Protokoll aufgenommen werden soll.
  Leitfrage: »Was sind die wichtigsten Ergebnisse, die wir erzielt haben? Was davon wird wie festgehalten?«

Auch wenn beim Lesen der einzelnen Schritte der Eindruck entstehen könnte, dass das alles sehr viel und aufwendig ist, empfehlen wir die Mühe! Denn in der Praxis und mit etwas Übung geht das sehr zügig. Und bei vielen Besprechungsleitungen merkt man während ihrer präzisen und knapp gehaltenen Einführung in einen TOP gar nicht mehr, wie viele Überlegungen und sorgfältige Vorbereitung hinter den kurzen Sätzen stecken. Es bleibt den Zuhörern nur das Gefühl, dass sie umfassend in das Thema eingeführt werden. Genau darum geht es! Sie können mit wenigen gut überlegten Worten sagen, was ansteht, warum gerade das ansteht, in welche Richtung gearbeitet werden soll, wie diese Arbeit aussehen soll, wie lange Sie arbeiten wollen und was Sie von allen hier im Raum erwarten.

Anregungen für meine nächste Sitzungsleitung:

....

....

....

ABSCHLUSS 1: AKTIONS- UND MASSNAHMENPLAN

In der Praxis sind viele Besprechungen plötzlich zu Ende und keiner der Beteiligten weiß so recht, wie es nun weitergeht. Der eine oder andere möchte es vielleicht auch gar nicht wissen: »Nur schnell weg hier, bevor ich noch etwas machen muss!« Daher gilt: Am Ende einer jeden Sitzung, Besprechung oder Gruppenarbeit muss über einen Aktionsplan nachgedacht werden. Es geht um folgende Fragen:

- Welche Schritte werden im Anschluss an die Sitzung angegangen?
- Wer macht was, bis wann, mit welcher beziehungsweise wessen Unterstützung?

Besteht die Besprechung aus mehreren TOP, schließt die Behandlung eines jeden TOP mit einem spezifischen Maßnahmenplan ab.

Vom Start zum Ziel – systematisch vorgehen

In der Schlussphase der Sitzung geht es dann nur noch darum, einen Gesamtüberblick zu erhalten und die Realitätsnähe aller getroffenen Maßnahmen im Zusammenhang zu beurteilen. Beispielsweise ist zu prüfen, ob Einzelne nicht zu viele Aufgaben übernommen haben, manche Termine zu eng gesetzt wurden, bestimmte Maßnahmen voneinander abhängen und zeitlich neu geplant werden müssen.

Bei Maßnahmen, die sich über einen längeren Zeitraum erstrecken, hat es sich als hilfreich erwiesen, einen »Paten« zu benennen, der die einzelnen Verantwortlichen immer wieder einmal an das Umsetzen der vereinbarten Vorhaben erinnert und mit ihnen über Zwischenziele und Termine spricht.

Vereinbarte Maßnahmen sollten unserer Erfahrung nach immer schriftlich festgelegt werden. Das erleichtert das Nachverfolgen und schafft Handlungssicherheit für alle Beteiligten.

Und wenn es zu einem Tagesordnungspunkt keine Maßnahmen gibt? Auch gut! Nur empfehlen wir, dies dann auch auszusprechen, um Klarheit herzustellen und keine verdeckten Erwartungen von wem auch immer im Raum stehen zu lassen. Das gute alte und von allen zustimmend abgenickte »Darüber sollten wir irgendwann noch einmal nachdenken« wird in Zukunft etwas häufiger ergänzt um ein »Ich mache euch in ... konkrete Vorschläge, wie wir das Thema weiter vorantreiben!«

Auf der nächsten Seite finden Sie nochmals das Wichtigste zusammengefasst in einer Übersicht.

DER MASSNAHMENPLAN UND WAS DABEI ZU BERÜCKSICHTIGEN IST						
	lfd. Nr.	Wer (mit wem)?	Macht was?	Mit welchem Ziel?	Bis wann?	Informations-management und Beteiligung
Maßnahme 1						
Maßnahme 2						
Maßnahme 3						
lfd. Nr.	⇨	Hilfreich bei Bezugnahmen und für die einfache Verständigung im Verlauf der Umsetzung.				
Wer (mit wem)?	⇨	Bei »Wer« ausschließlich Besprechungsteilnehmer benennen! Zum Schluss »belastungsgerechte« Verteilung prüfen.				
Macht was	⇨	Vor allem darauf achten, dass Formulierungen so klar sind, dass sie auch Nichtteilnehmern noch zwei Wochen nach dem Meeting gut verständlich sind.				
Mit welchem Ziel?	⇨	Präzisierung der Tätigkeit, der unter »macht was« beschriebenen Aufgabe. Lässt übergeordnete Absichten einfließen. Wird häufig mit »… um zu …« begonnen.				
Bis wann?	⇨	Jede Maßnahme ist zu terminieren! Minimum: Kalenderwoche. Sorgfältig prüfen, wie realistisch die Zeitplanung ist und ob nicht zu optimistisch (Sitzungseuphorie) geplant wurde.				
Informations-management und Beteiligung	⇨	Wie ist die Meetinggruppe auf dem Laufenden zu halten? Wer ist sonst noch über Ergebnisse und Realisierungsfortschritte zu informieren? Wer sollte wie beteiligt werden?				

ABSCHLUSS 2: ABGLEICH DER ERWARTUNGEN

Wenn zu Beginn einer Arbeitssitzung die Erwartungen der Teilnehmer abgefragt wurden, dann sollte zum Schluss der Veranstaltung noch einmal darauf Bezug genommen werden. Nur dann haben die Teilnehmer die Sicherheit, dass ihre Äußerung zu Beginn der Sitzung ernst genommen wurden und Konsequenzen haben. Die Arbeitsfragen dazu können lauten:

Vom Start zum Ziel – systematisch vorgehen

- Welche Erwartungen wurden erfüllt?
- Welche Erwartungen sind noch offen?
- Was gibt es aus Sicht der Einzelnen daraufhin noch zu tun?

Jeder Besprechungsteilnehmer kann für sich prüfen, inwieweit seine Erwartungen erfüllt wurden und was er dazu während der Sitzung getan oder unterlassen hat. Und er kann ebenfalls prüfen, was er jetzt oder im Anschluss an die Sitzung tun muss, um noch »auf seine Kosten« zu kommen. Oder er kann überlegen, was er in zukünftigen Sitzungen anders machen will, damit die eigenen Erwartungen an die Behandlung der Inhalte oder an die Art und Weise der Zusammenarbeit in der Gruppe besser erfüllt werden.

Der Besprechungsleiterin hilft dieser Abgleich zu klären, inwiefern ihre methodische Begleitung zum Erfüllen der Erwartungen beigetragen hat und wo nicht. Daraus kann sie für ihr zukünftiges Vorgehen lernen. Zudem bekommt sie ein erstes Gefühl dafür, wie eventuell enttäuschte Erwartungen die Umsetzung gefasster Beschlüsse behindern und wie erfüllte Erwartungen die Umsetzung befördern können.

Anregungen für meine nächste Sitzungsleitung:

....
....
....

ABSCHLUSS 3: RÜCKSCHAU

Mögliche Fragen an Teilnehmer und Besprechungsleiterin für eine kurze Rückmelderunde:

- Wie zufrieden bin ich mit den Ergebnissen der Besprechung?
- Wie zufrieden bin ich mit dem Arbeitsprozess in der Besprechung?

- Was lief in dieser Besprechung gut?
- Was soll beim nächsten Mal vielleicht anders gemacht werden?

Dieses Vorgehen dürfte manchen Leserinnen und Lesern ungewöhnlich und vielleicht praxisfremd erscheinen. Es ist jedoch eine sinnvolle Möglichkeit, in der Rolle als Leiterin oder Teilnehmer immer erfahrener und sicherer zu werden. In Schulungen und im Besprechungscoaching wird regelmäßig mit derartigen Rückmeldungen gearbeitet. Und so mancher überträgt die dort gelernte »Rückmeldekultur« auch auf seine Praxis. Natürlich sollte man dafür etwas Zeit einplanen, und etwas Vertrauen zwischen allen Teilnehmern fördert diese Runde, damit so eine »Manöverkritik« oder auch »Lessons-learned-Runde« nicht als künstlich und für alle etwas peinlich missverstanden wird.

Anregungen für meine nächste Sitzungsleitung:

....
....
....

ABSCHLUSS 4: VERABSCHIEDUNG

Auch die Art der Verabschiedung ist häufig eine Frage der Besprechungskultur in Organisationen. Manchmal ist das »Tschüss Leute« noch gar nicht zu Ende gesprochen, da laufen schon alle los, fingern an ihren Smartphones herum und verschicken schon drei Nachrichten. Man hört aber durchaus bisweilen einmal: »Wer geht noch mit einen Kaffee trinken und kann mir erklären, was wir hier eigentlich …?« Zwischen diesen Polen liegen wahrscheinlich noch sehr viele Möglichkeiten.

Unsere Empfehlung: Wie immer Sie den Schluss gestalten, sorgen Sie dafür, dass Ihnen bis zum letzten Wort aufmerksam zugehört wird. Es ist Ihre Veranstaltung, in die Sie gut vorbereitet eingestiegen

Vom Start zum Ziel – systematisch vorgehen

sind und aus der heraus Sie gleichermaßen gut vorbereitet wieder aussteigen. Lassen Sie Ihre kurzen prägnanten Schlussworte nicht in allgemeiner Unruhe untergehen. Sie bleiben präsenter in Erinnerung, wenn alle wahrnehmen, dass Sie es sind, der die Veranstaltung beendet. Schließen Sie das Treffen für alle sichtbar ab. Nennen Sie das von uns aus Autorität, die Sie dadurch gewinnen, oder Respekt, den Sie für Ihre Leitungsrolle einfordern. Leiten heißt auch, einen guten Schluss zu gestalten.

Überlegen Sie sich daher einige abschließende Sätze. Wichtig dabei: Bleiben Sie ehrlich! Sollten Sie mit der Zusammenarbeit unzufrieden gewesen sein, dann bedanken Sie sich auf keinen Fall für die tolle Mitarbeit. Menschen spüren derartige Floskeln und machen innerlich Abstriche von Ihrer Leitungskompetenz. Versuchen Sie stattdessen, ein möglichst ehrliches Fazit der Veranstaltung zu ziehen, oder gehen Sie auf einen Punkt ein, der Ihnen besonders am Herzen liegt.

Eine mögliche Formulierung: »Soweit unser heutiges Abteilungstreffen. Mir war wichtig, dass wir im Thema ... weiterarbeiten konnten. Zufrieden bin ich mit ... Die Punkte, an denen ich noch weiterdenken möchte, sind insbesondere ... Dazu haben wir für die nächste Woche ... Und für heute wünsche ich Ihnen noch ...«

Anregungen für meine nächste Sitzungsleitung:

....

....

....

CHECKLISTE: ALLES AUF EINEN BLICK

Besprechung am: ....

	Habe ich gut vorbereitet	Muss ich noch ausformulieren
Der »Beginn vor dem Beginn« und Small Talk	O	O
Begrüßung der Teilnehmer	O	O
Falls notwendig: persönliche Vorstellung der Besprechungsleitung und eventuell Vorstellung der Teilnehmer	O	O
Organisatorische Hinweise	O	O
Anlass der Sitzung: Notwendigkeit vorstellen	O	O
Für den Fall, dass die Besprechung nur ein Thema hat: Thema der Besprechung und Ziel sowie Rollen der Beteiligten vorstellen beziehungsweise vereinbaren	O	O
Für den Fall, dass die Besprechung mehrere Tagesordnungspunkte hat: Ablauf der Sitzung, Tagesordnungspunkte, Zeiten vorstellen und/oder vereinbaren	O	O
Falls vorgesehen: Protokollant festlegen, Art des Protokolls absprechen	O	O
Eventuell Erwartungen abfragen	O	O
Möglicherweise Spielregeln vorschlagen und vereinbaren	O	O
Die TOP im Einzelnen behandeln	O	O
Aktions- und Maßnahmenplan aufstellen	O	O
Falls am Anfang eingeholt: Erwartungen abgleichen	O	O
Eventuell kurze Rückmelderunde zur erlebten Besprechung anbieten und durchführen	O	O
Gruppe verabschieden, den Schluss der Sitzung aktiv gestalten	O	O

Teil 6

Auch Leiten kann gelernt werden!

Wer arbeitet während der Besprechung: Sie oder die Gruppe – oder beide?

Als Besprechungsleitung sollten Sie vor Beginn der Veranstaltung wissen, wie intensiv Sie sich inhaltlich beteiligen wollen und was Sie von den Teilnehmern erwarten. Dies hat Auswirkungen auf die Art der Sitzung, die Sie verantworten. Wir diskutieren vier Möglichkeiten.

Wenn Sie, liebe Leserin und lieber Leser, einmal an eine typische Besprechung denken, die Sie in Ihrem Arbeitsalltag leiten, wie sehr sind Sie da inhaltlich dabei, wie intensiv mischen Sie inhaltlich mit? Oder anders: Wie groß ist der inhaltliche Beitrag, den Sie als Leiterin oder Leiter der Besprechung leisten und wie ist der inhaltliche Beitrag, den die Gruppe leistet?

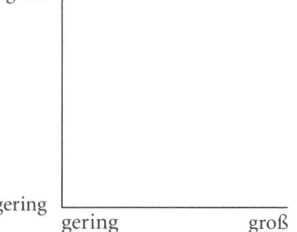

Als **Besprechungsleitung:** Mein inhaltlicher Beitrag in der Besprechung ist in der Regel:

Der inhaltliche Beitrag der **Besprechungsteilnehmer** während meiner Besprechung ist in der Regel:

Je nachdem, wie intensiv Ihre und die Teilnahme der Gruppe während der Besprechung sein soll, wird das massive Auswirkungen auf Ihr Verhalten als Leiterin haben. Es ist unserer Erfahrung nach hilfreich, sich vor der Übernahme einer Besprechungsleitung, aber auch während der Sitzung darüber im Klaren zu sein und entsprechende Konsequenzen zu ziehen:

Wer arbeitet während der Besprechung?

SITUATION 1: Sowohl Ihr eigener als auch der inhaltliche Beitrag der Gruppe sind gering.

Hier scheint die Lage relativ einfach: Sind Sie sich sicher, dass diese Besprechung überhaupt notwendig ist? Handelt es sich bei Ihrem Vorhaben vielleicht um ein rein soziales Ereignis, bei dem es nicht darauf ankommt, dass ein inhaltliches Ziel erreicht wird? In diesem Fall besteht Ihre *Leitungsaufgabe* in erster Linie darin, für gute Stimmung zu sorgen und dafür, dass alle mit einem guten Gefühl aus der Sitzung gehen. Wichtig in einem solchen Fall: Machen Sie deutlich, welche Funktion diese Veranstaltung hat, damit Enttäuschungen bei denjenigen ausbleiben, die gekommen sind, um engagiert an Inhalten zu arbeiten. Und noch etwas: Nennen Sie diese Veranstaltung auf keinen Fall eine »Besprechung«, eher »lockeres Zusammensein«!

SITUATION 2: Während Sie sich inhaltlich stark engagieren, ist die Beteiligung der Teilnehmer gering.

Die Gefahr, die in dieser Konstellation liegen kann, besteht darin, dass sich die Teilnehmer als »Alibi-Anwesende« in Sachen Mitarbeiterbeteiligung missbraucht sehen, die im Moment aber gar nicht gefragt ist: »Man beteiligt uns scheinbar, indem man uns gelegentlich etwas sagen lässt, während doch schon alles vorher entschieden wurde«. Derartige Veranstaltungen führen zu Unmut und Demotivation. Unsere Empfehlung: Spielen Sie mit offenen Karten, verzichten Sie auf Scheindiskussionen, informieren Sie Ihre Mitarbeiter über eventuell schon vorher getroffene Entscheidungen und bieten Sie die Klärung noch offener Fragen an. Sie führen dann eine gut vorbereitete Informationsveranstaltung durch und können sich im Voraus überlegen, in welchem Ausmaß Sie eine Diskussion über die vorgetragenen Inhalte wünschen und anbieten. Vielleicht nennen Sie diese Veranstaltung dann auch treffender »Informationstreffen« oder »Inforunde«.

SITUATION 3: Während Sie sich inhaltlich deutlich zurückhalten wollen, soll die Beteiligung der Teilnehmer groß sein.

X

Der Vorteil dieser Haltung: Die Besprechungsleitung kann sich vollständig darauf konzentrieren, den Arbeitsprozess der Gruppe in Richtung Ziel zu begleiten. Sie ist hauptsächlich methodisch engagiert, achtet beispielsweise auf eine klare Zielfestlegung, darauf, dass es möglichst wenige Abschweifungen auf dem Weg zum Ziel gibt, darauf, dass alle zu Wort kommen, dass die Zeit eingehalten wird und so weiter. Ihr Hauptaugenmerk gilt der Tatsache, dass sich möglichst alle Teilnehmer engagiert um ein anspruchsvolles Ergebnis bemühen. Die eigene Meinung wird zwar auch geäußert, aber nicht gleich an erster Stelle – erst einmal sind die Teilnehmer an der Reihe bevor die Leitung einen inhaltlichen Input gibt. »Leiten« bedeutet hier, die Gruppe beim Erreichen des Zieles zu unterstützen; beispielsweise mit Fragetechnik oder Visualisierungen. Wir werden noch einmal auf diese Situation zurückkommen, wenn wir auf Seite 132 ff. die Besonderheiten einer moderierten Besprechung vorstellen werden.

Wer arbeitet während der Besprechung? 73

SITUATION 4: Sowohl Sie als
Leiterin als auch die Teilnehmer
sollen sich an der Besprechung
inhaltlich stark beteiligen.

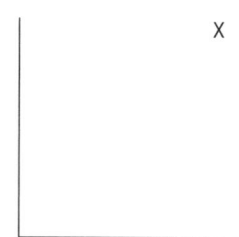

Diese Situation bestimmt den Alltag in vielen Besprechungen. Die Leitung ist doppelt gefordert: Sie will sowohl inhaltlich teilnehmen, muss aber gleichzeitig den Prozess der Besprechung methodisch vorantreiben. Und da liegen eine ganze Menge Fallstricke:

- Besonders unerfahrene Besprechungsleitungen engagieren sich so stark in einer inhaltlichen Auseinandersetzung, dass sie ihre methodische Leitungsverantwortung vernachlässigen. Die Diskussion entwickelt sich ziellos, man kommt vom Hundertsten ins Tausendste, der Zeitplan und das gesamte Programm laufen aus dem Ruder.

- Unerfahrene Besprechungsleitungen, die sich sehr stark in inhaltlichen Debatten engagieren, verlieren leicht ihr Gefühl dafür, was während der Besprechung auf der Beziehungsebene geschieht. Das Gefühl für die Stimmung in der Gruppe, für latente Konflikte, für zurückgehaltenen Ärger, aber auch für Entspannung und sich anbahnende Annäherungen bisheriger Konfliktpartner geht leicht verloren, wenn es nur noch darum geht, in einer bestimmten Frage inhaltlich überzeugen zu können.

- Es gibt Besprechungsleitungen, die versuchen, über methodische Kniffe inhaltliche Vorteile zu erlangen. Dann werden beispielsweise nur die Befürworter der eigenen Ideen an entscheidenden Stellen ausführlich zu Wortbeiträgen gebeten oder es wird je nach Stimmungslage eine Entscheidung gefördert oder vertagt. Natürlich bemerken viele Teilnehmer ein solches

Vorgehen. Was eine solche Leitung diesmal vielleicht in der Sache gewinnt, verliert sie gleich wieder, wenn es um ihren Ruf als Leitung einer Veranstaltung oder gar Führungskraft geht.

Die Lösung? Besprechungsprofis entwickeln ein gutes Gespür dafür, wann sie inhaltlich »pushen« und wann sie sich inhaltlich zurücknehmen und sich konsequent auf die Steuerung der Diskussion, der Ideensammlung und anderes mehr konzentrieren. Sie lernen mit der Zeit, »auf drei Hochzeiten gleichzeitig zu tanzen«.

Und wenn Sie jetzt einmal an Ihre konkrete nächste Sitzungsleitung denken oder an den wichtigsten TOP einer kommenden Besprechung: Wie groß soll der inhaltliche Beitrag sein, den Sie als Leiterin oder Leiter in der Sitzung leisten möchten, und wie groß soll der inhaltliche Beitrag sein, den die Gruppe leisten soll?

WER ARBEITET INHALTLICH?

Besprechung am: ....

Besprechungsleitung:
Mein inhaltlicher Beitrag
in der Besprechung soll sein …

groß

gering
　　　gering　　　　　groß

Der inhaltliche Beitrag der **Besprechungsteilnehmer** während der Besprechung soll sein …

Tanzen auf drei Hochzeiten!?

> Erfahrene Besprechungsleiterinnen schaffen es, in einer Sitzung drei Dinge gleichzeitig zu meistern:
> - das methodische Vorgehen,
> - die inhaltliche Zusammenarbeit aller Anwesenden sowie
> - die Beziehungsebene.
>
> Was meinen Sie, liebe Leserin und lieber Leser, wie gut gelingt Ihnen dieser Tanz auf drei Hochzeiten?

Erfahrene und souveräne Besprechungsleitungen entwickeln im Laufe ihrer Besprechungskarrieren unterschiedliche Kompetenzen, sie tanzen auf drei Hochzeiten:

- Sie sind **methodisch** sehr gut vorbereitet, kennen ihr Ziel und die Wege dahin. In der Besprechung wissen sie jederzeit, wo sich der Arbeitsprozess auf dem Weg zum Ziel befindet. Sie registrieren Abweichungen sehr genau und haben ein feines Gespür dafür, wann sie mit Fragen oder der Zusammenfassung des bisher Erreichten eingreifen müssen, um neue Impulse zu setzen.
- Gleichzeitig wissen sie auch, wann sie ihre eigenen **inhaltlichen Beiträge** einbringen können und wie sie diese platzieren. Die Hauptkunst besteht darin, beim eigenen inhaltlichen Engagement gleichzeitig den Arbeitsprozess nicht aus den Augen zu verlieren.
- Als Drittes kommt hinzu: Neben der methodischen Verantwortung und dem Engagement in der Sache achten erfahrene Besprechungsleitungen immer auch auf die **Beziehungsebene.** Sie haben feine Sensoren für die Stimmungen in der Gruppe. Sie achten sowohl auf negative wie auf positive Signale. Dabei überlegen sie, ob, wann und wie sie bei Störungen reagieren, damit die Arbeit an den Inhalten weitergehen kann.

| Methodische Verantwortung, methodisches Vorgehen, methodische Kompetenz | Verantwortung für die inhaltliche Qualität der Ergebnisse, eigene inhaltliche Interessen |

| Gespür für das Geschehen auf der Beziehungsebene, Gestaltungsmöglichkeiten auf der Beziehungsebene |

Und wie ist es bei Ihnen? Versuchen Sie einmal, sich selbst realistisch einzuschätzen.

Tanzen auf drei Hochzeiten!? 77

DIE KOMPETENZEN

Schätzen Sie sich auf der Skala von 1 bis 5 ein:
1 = hier kann ich mich noch deutlich verbessern
5 = ist bei mir bereits stark ausgeprägt

Methodische Kompetenzen

Sie fühlen sich vom Anfang bis zum Ende des Meetings für die Struktur und den Ablauf der gesamten Sitzung verantwortlich.	1 --- 2 --- 3 --- 4 --- 5
Sie haben für jeden Tagesordnungspunkt ein Ziel vorbereitet und stellen dieses Ziel zu Beginn vor. Jeder Teilnehmer weiß also genau, worum es geht und was von ihm erwartet wird.	1 --- 2 --- 3 --- 4 --- 5
Sie haben zur Bearbeitung der TOP konkrete Arbeitsschritte überlegt. Sie können vor den Teilnehmern begründen, warum diese Arbeitsschritte die Zielerreichung unterstützen.	1 --- 2 --- 3 --- 4 --- 5
Sie können während der Sitzung erkennen, ob die momentane Diskussion zielführend ist oder ob sie vom roten Faden abweicht.	1 --- 2 --- 3 --- 4 --- 5
Für den Fall, dass sich eine Diskussion vom roten Faden entfernt, können Sie sicher entscheiden, wann Sie eingreifen und wie Sie die Diskussion wieder auf Zielkurs bringen.	1 --- 2 --- 3 --- 4 --- 5
Sie haben ständig die Zeit im Blick und können abschätzen, ob und wann Sie in die Diskussion eingreifen, Vorschläge zum weiteren Ablauf machen oder die Tagesordnung verändern wollen.	1 --- 2 --- 3 --- 4 --- 5
Sie achten darauf, dass der Abschluss eines jeden Tagesordnungspunktes von Überlegungen zu konkreten Maßnahmen begleitet wird.	1 --- 2 --- 3 --- 4 --- 5
Sie achten bei jedem TOP darauf, welche Inhalte in das Protokoll aufgenommen werden sollen.	1 --- 2 --- 3 --- 4 --- 5

Kompetenzen auf der Inhaltsebene	
Sie fühlen sich vom Anfang bis zum Ende der Sitzung mitverantwortlich für die Qualität der Inhalte und der Ergebnisse.	1 --- 2 --- 3 --- 4 --- 5
Es fällt Ihnen leicht, unterschiedliche Diskussionsbeiträge – auch kontroverse Standpunkte – verständlich und inhaltlich angemessen zusammenzufassen. Somit sichern Sie ein einheitliches Verständnis über den inhaltlichen Stand der Diskussion.	1 --- 2 --- 3 --- 4 --- 5
Sie können inhaltlich anspruchsvolle Zusammenhänge mit einfachen Worten und Bildern darstellen, und zwar so, dass sie von allen verstanden werden.	1 --- 2 --- 3 --- 4 --- 5
Sie können inhaltliche Positionen, Diskussionsbeiträge, komplexe Zusammenhänge und anderes mehr beispielsweise auf Flipchart oder Folie treffend visualisieren, damit sich auch die Gruppe schnell ein Bild des aktuellen Diskussionsstands machen kann.	1 --- 2 --- 3 --- 4 --- 5
Sie versuchen, auch alternative Sichtweisen und ungewöhnliche Perspektiven in eine Diskussion einzubringen, um die Qualität der Ergebnisse zu steigern.	1 --- 2 --- 3 --- 4 --- 5
Sie haben ein feines Gespür dafür, wann Sie Ihre persönliche Meinung zu inhaltlichen Punkten einbringen können, sodass Sie zwar inhaltlich gleichberechtigt mitdiskutieren, dabei aber ihre Integrität und Akzeptanz als Besprechungsleiterin zu keiner Zeit gefährden.	1 --- 2 --- 3 --- 4 --- 5

Tanzen auf drei Hochzeiten!?

Kompetenzen auf der Beziehungsebene

Sie fühlen sich vom Anfang bis zum Ende der Sitzung verantwortlich für die Gestaltung der Beziehungsebene, auf der die Anwesenden interagieren.	1 --- 2 --- 3 --- 4 --- 5
Sie verfügen über ein ausgeprägtes Gespür dafür, wie sich die einzelnen Teilnehmer in Ihrer Besprechung fühlen, wie sie beispielsweise mitmachen, in den Arbeitsprozess integriert oder ausgeschlossen sind, sich engagieren, begeistert oder eher skeptisch wirken.	1 --- 2 --- 3 --- 4 --- 5
Sie erkennen frühzeitig sich anbahnende Störungen und können beurteilen, ob diese Störungen den Arbeitsprozess und die Zielerreichung gefährden oder nicht.	1 --- 2 --- 3 --- 4 --- 5
Sie zeigen allen Besprechungsteilnehmern gegenüber dieselbe Wertschätzung. Sie bringen diese Wertschätzung auch deutlich zum Ausdruck. Beispielsweise bevorzugen oder benachteiligen Sie niemanden. Dies gilt besonders dann, wenn einzelne Teilnehmer eine andere inhaltliche Position vertreten als Sie.	1 --- 2 --- 3 --- 4 --- 5
Sie bemühen sich darum, dass sämtliche Teilnehmer am Arbeitsprozess teilnehmen können, fördern das Engagement der Zurückhaltenden und Stillen, bremsen das Engagement von Vielrednern und Personen, die den Arbeitsprozess dominieren.	1 --- 2 --- 3 --- 4 --- 5
Sie sind in der Lage, aufkommende oder sich anbahnende Störungen klar und mit Respekt vor den Personen anzusprechen.	1 --- 2 --- 3 --- 4 --- 5
Sie verhalten sich während der gesamten Besprechung nach dem Motto: »If you can't be with the one you love – love the one you're with« (versuchen es jedenfalls).	1 --- 2 --- 3 --- 4 --- 5

Wie gut sind Sie – und jetzt?

Wenn sie sich Ihre drei Selbsteinschätzungen noch einmal anschauen. Was sind die wichtigsten Schritte, die Sie im Hinblick auf Ihre nächste Besprechungsleitung konkret unternehmen wollen:

....
....
....
....

Handwerkszeug für das Kommunizieren und Leiten in Besprechungen

Hier geht es um
- das aufmerksame Zuhören,
- das Wiederholen mit eigenen Worten,
- um Fragetechniken und darum,
- wie der Meinungsaustausch in der Gruppe gefördert wird, alle aktiv an der Besprechung teilnehmen,
- der rote Faden nicht verloren geht,
- Zeit gestaltet wird und die Besprechungsleitung den Arbeitsprozess vorantreiben kann.

Zusammengefasst: das perfekte kommunikative Handwerkszeug für die eigene Praxis.

AUFMERKSAMES UND UNGETEILTES ZUHÖREN: Dazu gehören eine zugewandte Körperhaltung, ein angemessener Blickkontakt, ein unterstützendes Kopfnicken und gelegentliche Kurzäußerungen, wie beispielsweise »Hm«, »Ja«, »Aha«. Sie stellen Kontakt zum jeweiligen Redner her und gestalten eine offene und vertrauensvolle Beziehungsebene. Zum aufmerksamen Zuhören gehört aber auch, dass Sie Fragen stellen, wenn Sie sich nicht ganz sicher sind, etwas so verstanden zu haben, wie es der andere gemeint haben könnte, oder wenn Sie den Eindruck haben, dass dies bei anderen Teilnehmern der Besprechung der Fall ist.

Fragen stellen bedeutet beim Zuhören, dass Sie durch offene Fragen – »Was verstehen Sie unter …?«, »Welches Beispiel haben Sie für …?« – beim Thema des Redners bleiben und dessen Position vollständig zu verstehen versuchen beziehungsweise erreichen, dass diese Position von allen Teilnehmern gleichermaßen verstanden

Handwerkszeug für das Kommunizieren ...

werden kann. Das bedeutet aber auch, dass Sie während Sie zuhören und Verständnisfragen stellen, das Gespräch noch nicht in eine bestimmte inhaltliche Richtung lenken.

AUFMERKSAMES UND UNGETEILTES ZUHÖREN

Hier kann ich mich noch deutlich verbessern		Ist bei mir bereits stark ausgeprägt
	1 ----- 2 ----- 3 ----- 4 ----- 5	

Anregungen und Maßnahmen, die mich betreffen:

MIT EIGENEN WORTEN WIEDERHOLEN UND ZUSAMMENFASSEN: Eine der wohl wichtigsten kommunikativen Fertigkeiten nicht nur für Besprechungsleitungen: Sie wiederholen mit Ihren eigenen Worten die zentralen Inhalte Ihres Gesprächspartners. Wiederholungen werden meistens mit Sätzen eingeleitet wie: »Verstehe ich Sie richtig, dass ...«, »Bedeutet das, dass ...«, »Liegt Ihrer Ansicht nach ...« Wichtig ist, dass Sie sich konsequent bemühen, die Perspektive des anderen so wiederzugeben, wie dieser sie verstanden haben will.

- Mit dieser Fertigkeit erreichen Sie, dass der andere sich ernst genommen und verstanden fühlt. Dies ist also ein zentraler Beitrag zu Ihrer Arbeit auf der **Beziehungsebene**.
- Sie stellen zudem sicher, dass Sie in der Gruppe immer wieder ein gemeinsames Verständnis über die besprochenen Inhalte erzielen. Mit Fragen und eigenen Anregungen können Sie dann Anstöße zur **inhaltlichen Weiterentwicklung** geben.
- Und Sie können auf diese Weise in der Gruppe immer wieder ein gemeinsames Verständnis darüber herstellen, an welcher Stelle auf dem Weg zur Zielerreichung die Diskussion sich zurzeit befindet. Davon ausgehend können Sie Anregungen zum weiteren **Verlauf der Diskussion** machen.

Während sich kurze Wiederholungen schon nach einzelnen Wortbeiträgen anbieten, macht es Sinn, eine Zusammenfassung mehrerer Beiträge immer dann vorzunehmen,

- wenn Sie Gefahr laufen, die Übersicht über die Diskussion zu verlieren oder Sorge haben, dass dies bei anderen Teilnehmern der Fall ist;
- wenn mehrere unterschiedliche Meinungen im Raum stehen;
- wenn die Diskussion auszuufern beginnt, zu stark vom roten Faden abweicht.

MIT EIGENEN WORTEN WIEDERHOLEN UND ZUSAMMENFASSEN

Hier kann ich mich noch deutlich verbessern

1 ----- 2 ----- 3 ----- 4 ----- 5

Ist bei mir bereits stark ausgeprägt

Anregungen und Maßnahmen, die mich betreffen:

....

MIT ZIELGERICHTETEN FRAGEN DIE BESPRECHUNG LENKEN: Während Sie klärende Fragen beim Zuhören dazu benutzen, die Perspektive des anderen angemessen zu verstehen, können Sie mit zielgerichteten Fragen eine Besprechung auch vorantreiben, neu ausrichten oder auf ein anderes Thema hin lenken:

- »Wer möchte dazu einen Vorschlag machen?«
- »Frau …, was sagen Sie zu dieser Idee …?«
- »Herr …, Sie haben jetzt zwei Meinungen zu Ihrer Ansicht … gehört. Wie bewerten Sie …?«
- »Was sagen die anderen zu dieser Idee …?«
- »Wir haben folgenden Vorschlag für das weitere Vorgehen diskutiert. Ich möchte diesen Vorschlag etwas modifizieren und erweitern, nämlich um den Gedanken … Wie realistisch erscheint euch …?«

Handwerkszeug für das Kommunizieren ...

Wichtig ist: Gebrauchen Sie offene Fragen – auch W-Fragen genannt –, um Informationen zu bekommen, um ein Gespräch zu öffnen, um Nachdenken über neue Ideen anzuregen: »Was denken Sie ...?«, »Wieso meinen Sie ...?«, »Wie begründen Sie ...?«

Setzen Sie geschlossene Fragen – auch Ja/Nein-Fragen genannt – ein, um zu Anregungen von Ihnen oder von Teilnehmern knappe Stellungnahmen zu erhalten: »Gibt es Bedenken gegen die Idee ...?«, »Bedeutet dies, dass wir im nächsten Schritt ...?«, »Liegen uns bisher Messergebnisse zu ... vor?«

Stellen Sie Einzelfragen und vermeiden Sie Fragebatterien. Wenn Sie – was auch in Radio- und TV-Interviews immer wieder geschieht – mehrere Fragen hintereinander stellen, bekommen Sie Antworten zu den verschiedenen Fragen. Sie schaffen sich eine Komplexität, die nur schwer wieder in den Griff zu bekommen ist. Oder Sie erhalten Antworten auf Fragen, die Ihnen eigentlich gar nicht so wichtig waren.

Es gibt Fragen, die versetzen den Zuhörer in eine Verhörsituation: »Warum haben Sie das Protokoll der letzten Sitzung nicht gelesen?«, »Wieso ist Ihre Abteilung immer noch nicht ...?« Das kann massive Auswirkungen auf die Beziehungsebene haben und auch alle anderen Teilnehmer der Besprechung verunsichern. Versuchen Sie daher, möglicherweise unangenehme oder peinliche Fragen zu begründen: »Herr ..., ich sitze morgen mit dem Programmleiter ... zusammen und muss ihm erläutern, warum wir den Beitrag nicht liefern können. Ich vermute, er wird mir eine unangenehme Stunde verschaffen. Deshalb muss ich von Ihnen wissen, was ist ... schief gelaufen?«

Wenn Sie an einer stabilen Beziehungsbrücke in Ihrer Besprechung interessiert sind und mit uns das Wertschätzungsgebot den Teilnehmern gegenüber teilen, dann bedenken Sie die Auswirkung von provokativen, unfairen, abwertenden oder verunsichernden Fragen: »Wussten Sie eigentlich, dass Herr ... schon gefühlt seit Jahren auf Ihren Anruf wartet?«, »Ist Ihnen eigentlich klar, dass wir mit dieser Einstellung in drei Jahren Konkurs anmelden können?«, »Ist es hier in der Runde nicht bekannt, dass schon der Kollege ... mit dieser Idee grandios gescheitert ist?«

MIT ZIELGERICHTETEN FRAGEN DIE BESPRECHUNG LENKEN:

| Hier kann ich mich noch deutlich verbessern | | Ist bei mir bereits stark ausgeprägt |

1 ----- 2 ----- 3 ----- 4 ----- 5

Anregungen und Maßnahmen, die mich betreffen:

....

DEN MEINUNGSAUSTAUSCH ZWISCHEN DEN GRUPPENMITGLIEDERN UNTERSTÜTZEN: Es gibt Besprechungen, in der jeder Wortbeitrag direkt an die Besprechungsleitung gerichtet wird, selbst dann, wenn es im Gespräch um den Vorschlag eines anderen Anwesenden geht. Die Leiterin hat die Zügel fest in der Hand, kontrolliert jede Äußerung und unterbindet – mehr oder weniger bewusst – den direkten Meinungsaustausch zwischen den Teilnehmern. Dieses Vorgehen mag dann sinnvoll sein, wenn mit einer relativ großen Gruppe in sehr kurzer Zeit ein inhaltlich einigermaßen brauchbares Ergebnis erzielt werden soll. Der Nachteil: Die Besprechungsleiterin muss zu jeder Äußerung inhaltlich Stellung beziehen, auch zu fachfremden. Das kann Druck erzeugen und zudem dazu führen, dass viel zu wenige Anregungen für kreative Lösungen aufkommen und die Entwicklung alternativer Ideen unterbleibt. Das Ergebnis: Die Besprechung entwickelt sich inhaltlich unbefriedigend. Viele Besprechungsleitungen versuchen daher immer wieder, auch den direkten Austausch zwischen den Teilnehmern zu fördern und am Leben zu halten. Dies erfolgt mit Fragen, Gesten und der direkten Aufforderung sich untereinander auszutauschen: »Herr ... was halten Sie von der Idee von ...?« Die Aufgabe der Leiterin in einer solchen Phase: Zuhören, durch Wiederholung Verständnis über die Inhalte herstellen und durch Zusammenfassungen Transparenz und Struktur schaffen. Aus

Handwerkszeug für das Kommunizieren ...

einer solchen Position kann sie dann mit Fragen immer wieder lenkend in die Diskussion eingreifen: »Wenn ich einmal die drei bisher vertretenen Standpunkte zusammenfasse: erstens ..., zweitens ..., drittens ... Jetzt einmal der Reihe nach: Was spricht für erstens ...?« Und sonst?

- Ehrlich und authentisch begründen und kommunizieren, warum das Thema für das Unternehmen, die Abteilung, die Teilnehmer oder für Sie persönlich wichtig ist und dass Sie deshalb alle um eine engagierte Mitarbeit bitten.
- Einzelne Personen direkt ansprechen und begründet um Beiträge bitten: »Herr ..., Sie waren doch letzte Woche in Haifa, was sagen denn unsere Kooperationspartner dort zur Entwicklung ...?«
- Um Beispiele bitten: »Sie haben dargelegt, warum Kunden dieses Produkt grundsätzlich nicht annehmen könnten. Welche konkreten Erfahrungen haben Sie mit Ihrem Kunden ... gemacht?«
- Ein Meinungsbild erstellen: »Mich interessiert, wie die anderen diese Idee bewerten. Bitte einmal der Reihe nach kurz vorstellen, wie Sie zu ... stehen.«
- Den Diskussionsstand oder ein Zwischenergebnis visualisieren. Dadurch entsteht Transparenz und alle haben die Möglichkeit, sich über das von allen gleichermaßen gesehene Bild zu äußern.
- Zu Gedankenspielen einladen: »Einmal angenommen, wir hätten für das laufende Jahr noch ... Euro zusätzlich als Investitionsmasse. Ich bitte um eine persönliche Einschätzung aller hier am Tisch, wo sollten wir vorrangig investieren?«
- Selbst jederzeit wach und lebendig auftreten – Sie ziehen andere mit, anders als wenn Sie mit Ringen unter den Augen die Schlaftablette mimen.
- Gleiches gilt für Ihre Reaktion auf Teilnehmeräußerungen: Sie können sie mit versteinerter Miene entgegennehmen, dabei

vielleicht noch eine heimliche, dennoch für alle sichtbare Träne vergießen oder Sie können positiv, wertschätzend und ermutigend auf Wortmeldungen aus der Teilnehmerschaft reagieren, selbst wenn diese nicht Ihrer Ansicht entsprechen.

DEN MEINUNGSAUSTAUSCH ZWISCHEN DEN GRUPPENMITGLIEDERN UNTERSTÜTZEN

Hier kann ich mich noch deutlich verbessern		Ist bei mir bereits stark ausgeprägt
	1 ----- 2 ----- 3 ----- 4 ----- 5	

Anregungen und Maßnahmen, die mich betreffen:

....

DEN ROTEN FADEN DER BESPRECHUNG HALTEN – DIE BESPRECHUNG ZIELORIENTIERT VORANTREIBEN: Viele Besprechungen kranken daran, dass in der Diskussion auf Seitenthemen ausgewichen wird, neue Themen aufgemacht werden, alle vom Hundertsten aufs Tausendste kommen. Ganz plötzlich geht es nicht mehr um das Thema »neue Kunden für die Datenbank Pandora«, sondern um die Fragen, warum bestimmte Inhalte noch nicht aktualisiert worden sind und gleich im nächsten Satz um das beliebte Thema, dass die IT-Abteilung kapazitätsmäßig mal wieder nicht in der Lage war das Update ...

Als Besprechungsleiterin kommt zweierlei auf Sie zu: Zum einen müssen Sie frühzeitig erkennen, wann eine Diskussion vom roten Faden abweicht, wann ein neues Thema eröffnet wird, wann die Gruppe Gefahr läuft, auf Nebenkriegsschauplätze abzugleiten. Sie können sich dazu bei jedem Wortbeitrag fragen, ob dieser noch zu dem gerade behandelten Thema gehört oder nicht. Mit der Zeit werden Sie sich diese Frage automatisch immer wieder stellen und innerlich eine kleine Alarmglocke läuten hören, wenn ein Beitrag sich massiv vom roten Faden der Diskussion entfernt. Dieses Frühwarnsystem wird Teil Ihrer methodischen Kompetenz als Besprechungsleiterin werden.

Zum zweiten müssen Sie sich überlegen, ob und natürlich auch wie Sie bei Abweichungen reagieren wollen. Hier gilt es, das richtige Maß für die Gruppe und den aktuellen Arbeitsprozess zu entwickeln. Entscheiden Sie sich für sehr kurze Zügel, werden Sie jede kleine Abweichung auf dem Weg zur Zielerreichung ahnden und das Gespräch zum Thema zurückführen. Dies kann Ihnen positiv angerechnet werden: »Endlich mal eine Leitung, die beim Thema bleibt und sich um Besprechungsdisziplin bemüht.«

Kurze Zügel und Disziplin können jedoch auch engagierte Diskussionen im Keim ersticken und Teilnehmer mundtot machen: »Hier kann man noch nicht einmal einen klugen und kreativen Gedanken zu Ende äußern, soll die Leiterin doch die Sitzung allein bestreiten ...«

Erfahrene Besprechungsleitungen lassen daher Abweichungen vom roten Faden durchaus zu, wenn sie das Gefühl haben, dass es das Engagement der Teilnehmer fördert und die Diskussion nicht zu weit vom Thema abbringt. Dann allerdings schreiten sie ein, wiederholen das Gesagte mit eigenen Worten, verdeutlichen, dass mit dem Wortbeitrag ein anderes Thema eröffnet wurde, benennen dieses auch, schlagen eine Regelung vor, wann dieses neue Thema behandelt werden kann (wenn gewünscht) und lenken das Gespräch wieder auf das ursprüngliche Thema zurück, beispielsweise mit gezielten Fragen: »Wir hatten vorhin den Vorschlag ... Wie schätzen Sie den Erfolg ein, wenn wir ...?«

Und noch ein Tipp: Themen, aber auch Einwände sowie alles, was massiv vom roten Faden abweicht und in der aktuellen Besprechung nicht behandelt werden kann, kann auf einem Extrablatt (Flipchart, Datei) notiert und »geparkt« werden. Damit bekommen manche Störungen in der Gruppe oder besondere Bedürfnisse Einzelner einen angemessenen Platz. Die so gesammelten Themen und Fragen werden am Ende der Sitzung im Einzelnen besprochen und entschieden (als Maßnahme aufnehmen und weiterverfolgen oder abhaken).

> **DEN ROTEN FADEN DER BESPRECHUNG HALTEN – DIE BESPRECHUNG ZIELORIENTIERT VORANTREIBEN**
>
> Hier kann ich mich noch　　　　　　　　　　　Ist bei mir bereits
> deutlich verbessern　　　　　　　　　　　　　stark ausgeprägt
>
> 　　　　　　　　1 ----- 2 ----- 3 ----- 4 ----- 5
>
> Anregungen und Maßnahmen, die mich betreffen:
>
> ....

ZEIT GESTALTEN – AUCH IN BESPRECHUNGEN: Ein Jegliches hat seine Zeit, das gilt auch für Besprechungen. Gestalten Sie aktiv und bewusst die Zeit Ihrer Besprechung, werden Sie zum Souverän über die Prozesse. Gehen Sie bewusst und nachvollziehbar mit Ihrer Zeit um und teilen Sie dies den Teilnehmern Ihrer Sitzung mit. Sie bestimmen darüber, wie die zur Verfügung stehende Zeit gefüllt wird, nicht eine scheinbar knappe Zeit bestimmt, was mit Ihnen getan wird. Vielleicht kennen Sie die Situation: »Da uns die Zeit davonläuft, stimmen wir kurz über den Vorschlag von Herrn … ab. Bitte Handzeichen, wer ist …?«

Nun denn:

- PÜNKTLICHKEIT: Machen Sie den Anwesenden deutlich, warum Sie pünktlich beginnen wollen. Und fangen Sie dann auch an. Zuspätkommende können Sie mit wenigen Worten über den Stand der Diskussion ins Bild setzen und sie später darüber unterrichten, warum Sie nicht gewartet haben. Wenn Sie sich für einen späteren Beginn entscheiden, dann teilen Sie der Gruppe mit, warum sie dies tun und welche Konsequenzen dies für die Tagesordnung hat. Unsere Empfehlungen: Verzichten Sie darauf, Zuspätkommende bestrafen zu wollen – Tür nach Beginn der Sitzung zuschließen, böse Blicke, kritische Kommentare im Protokoll. Bleiben Sie korrekt und wertschätzend den Personen gegenüber; zeigen Sie aber deutlich die Konsequenzen auf, die ein pünktlicher beziehungsweise unpünktlicher Beginn hat.

Handwerkszeug für das Kommunizieren ...

- ZEITVERANTWORTUNG: Achten Sie auf die Zeit während der Behandlung eines TOP. Legen Sie fest, wie lange Sie für den jeweiligen TOP eingeplant haben. Gestalten Sie den Arbeitsprozess so, dass diese Zeitvorstellung auch erreicht werden kann. Sollten Sie länger brauchen, teilen Sie das der Gruppe mit. Machen Sie deutlich, dass Sie Ihre Zeitplanung ernst nehmen, auch wenn sie sich im Laufe der Sitzung ändern sollte. Ihre Botschaft: »Ich nehme meine und eure Zeit ernst und überlege, wie wir mit der zur Verfügung stehenden Zeit verantwortungsbewusst umgehen können.«
- HEKTIK: Wir haben keine Zeit, also hetzen wir. Die Alternative: In den 60 Minuten, die Sie beispielsweise für die Besprechung vorgesehen haben, verfügen Sie über alle Zeit der Welt. Lassen Sie sich Zeit! Souveränität bedeutet, Pausen machen, ausreden lassen, nachdenken, auf den Punkt kommen, Ruhe ausstrahlen. Zügiges Voranschreiten hat mit der Art Ihrer Kommunikation zu tun, mit Auf-den-Punkt-Bringen von Teilnehmeräußerungen, mit dem Zusammenfassen von verschiedenen Meinungen, mit dem zielgerichteten Fragen, mit Ihrem Beziehung aufrechterhaltenden Blickkontakt, Ihrer klaren, lauten Stimme und mit dem Ernst, mit dem Sie ein eindeutig formuliertes Ziel verfolgen und sich am roten Faden orientieren.
- EIN GUTES ENDE GESTALTEN: Wir hatten schon darüber geschrieben: Viele Besprechungen enden in allgemeiner Hektik. Alle reden durcheinander, Smartphones werden befingert, erste Termine vereinbart – und Sie warten immer noch auf die Pause, in der Sie Ihr Schlusswort loswerden können. Warum nicht mal anders? Bereiten Sie Ihren Abschluss vor. Fassen Sie beispielsweise die wichtigsten Ergebnisse noch einmal zusammen, bewerten Sie das erreichte Ziel, teilen Sie allen mit, warum sich aus Ihrer Sicht das Treffen gelohnt hat (ehrlich sein!), sagen Sie allen, was mit den heute nicht behandelten TOP geschieht. Sprechen Sie mit klarer lauter Stimme, schauen Sie alle an und

bestehen Sie darauf, dass Sie das letzte Wort nutzen wollen, um die Veranstaltung zu schließen. Sie gestalten den Schluss, nicht der Schluss Sie.

ZEIT GESTALTEN – AUCH IN BESPRECHUNGEN:

| Hier kann ich mich noch deutlich verbessern | | | | Ist bei mir bereits stark ausgeprägt |

1 ----- 2 ----- 3 ----- 4 ----- 5

Anregungen und Maßnahmen, die mich betreffen:
....

DEN ARBEITSPROZESS VORANTREIBEN: Wie Sie das machen ist klar: Zuhören, mit eigenen Worten zusammenfassen und immer wieder zielgerichtet Fragen stellen. Und sonst? Hier noch einige Anregungen:

- Behalten Sie das Ziel des TOP im Auge und prüfen Sie jede Äußerung und jedes Zwischenergebnis, inwieweit es der Zielerreichung dient.
- Visualisieren Sie den Stand der Diskussion. Bei in längeren Arbeitsphasen unbedingt auch die Zwischenergebnisse festhalten. Zeigen Sie allen Anwesenden damit gleichermaßen, wo die Debatte steht. Teilen Sie die nächsten Schritte mit und fragen Sie, ob alles verstanden wurde. Bitten Sie um Beiträge.
- Überlegen Sie, welche Entscheidungen in das Protokoll aufgenommen werden müssen. Teilen Sie das allen mit, jeder weiß, was bis dahin erreicht wurde.
- Fassen Sie immer wieder Diskussionen mit einfachen Worten für alle nachvollziehbar zusammen. Arbeiten Sie die Ergebnisse heraus, die in den Wortwechseln stecken. Wenn möglich visualisieren Sie diese und kommunizieren Sie, wie Sie damit weiter fortfahren möchten. Machen Sie also immer wieder deutlich, dass Sie selbst in scheinbar verfahrenen Situationen die Übersicht behalten und jederzeit darstellen können, was schon

erreicht wurde. So nähern Sie sich gemeinsam mit der Gruppe auf diese Weise Schritt für Schritt dem Ziel der Besprechung und erreichen tragfähige Ergebnisse.

DEN ARBEITSPROZESS VORANTREIBEN

Hier kann ich mich noch deutlich verbessern

Ist bei mir bereits stark ausgeprägt

1 ----- 2 ----- 3 ----- 4 ----- 5

Anregungen und Maßnahmen, die mich betreffen:

....

PERSPEKTIVENWAHL: MORGEN IST HEUTE SCHON GESTERN! In Ihrer Veranstaltung können Sie das Thema unter dem Blickwinkel Vergangenheit betrachten. Dann stellen sich voraussichtlich Fragen nach den Ursachen, den Hintergründen oder der Geschichte des Ereignisses. Leider kommt es aber auch immer wieder zu Fragen nach den Verursachern und den Schuldigen. Manche Gruppen können stundenlang alte Schlammschlachten führen, ohne auch nur einen Zentimeter voranzukommen. Behandeln Sie ein Thema unter dem Blickwinkel Gegenwart, wird sich die Diskussion meistens um Fragen drehen, die mit den Auswirkungen, den Kosten, dem Nutzen eines Ereignisses zu tun hat. Und die Perspektive Zukunft lädt zum Nachdenken über Handlungen ein: Was können wir machen? Was brauchen wir? Wie werden wir in den nächsten Tagen vorgehen? Aber auch: Was wünschen wir uns?

Alle drei Perspektiven haben ihre Berechtigung. Aber je nach Zusammensetzung der Gruppe und der Vorgeschichte, die ein Problem hat, kann jede Zeitperspektive ganz unterschiedliche emotionale Auswirkungen haben. Gute Erfahrungen haben Moderatoren beispielsweise mit der Zukunftsperspektive gemacht. Statt lange darüber zu diskutieren, warum etwas schief gegangen und wer dafür zur Rechenschaft zu ziehen ist, wird nach Lösungen gesucht. So vermeiden Sie nebenbei auch, dass auf Nebenkriegsschauplätzen alte

Rechnungen beglichen werden. Die entsprechende Spielregel, die ein solches Vorgehen unterstützt, lautet: »Wir schauen nicht mehr darauf, was in der Vergangenheit wie und warum passiert ist, sondern arbeiten ausschließlich auf die Zukunft hin. Es interessiert also nur noch der Blick nach vorn.«

PERSPEKTIVENWAHL: MORGEN IST HEUTE SCHON GESTERN!

Hier kann ich mich noch deutlich verbessern
Ist bei mir bereits stark ausgeprägt

1 ----- 2 ----- 3 ----- 4 ----- 5

Anregungen und Maßnahmen, die Sie betreffen:
....

Arbeitsregeln unterstützen die Zusammenarbeit

> In Büchern stehen sie, in Seminaren werden sie trainiert, in der Praxis kommen sie kaum vor: Regeln, die das Zusammenwirken in Besprechungen, Workshops oder Arbeitssitzungen unterstützen können.

Regeln können das Zusammenwirken der Teilnehmer an einer Besprechung erleichtern, fördern oder positiv vorantreiben. Regeln können aber auch dabei helfen, Störungen und Konflikte zu vermeiden, beispielsweise indem sie Anregungen für sachbezogene kontroverse Diskussionen anbieten. Derartige Spielregeln sind also weder »Knebel« (Verbote) für Vielredner noch »Antreiber« (Gebote) für Wenigredner oder Desinteressierte. Sie sollen ein zielgerichtetes und effizientes Zusammenwirken in der Gruppe unterstützen.

Hier einige Beispiele für Regeln für erfahrene und besprechungsgeübte Gruppen:

- WIR BEGRÜNDEN JEDE GEÄUSSERTE MEINUNG KNAPP UND AUF DAS WESENTLICHE REDUZIERT. Damit ermöglichen wir, dass sachlicher, differenzierter und vielleicht auch ergiebiger über Standpunkte und Hintergründe diskutiert wird, die Beweggründe der Einzelnen werden transparent.
- WIR BEGRÜNDEN FRAGEN AN ANDERE TEILNEHMER KURZ (»Ich frage aus folgendem Grund ...«). Damit vermeiden wir, dass sich das Gegenüber ausgefragt fühlt, vorgeführt oder kontrolliert vorkommt oder dass er meint, ihm sollten Fehler nachgewiesen werden.
- ICH SPRECHE MÖGLICHST MIT »ICH« STATT MIT »MAN«, um meine persönliche Meinung eindeutig als solche zu kennzeichnen, um »Flagge zu zeigen«. Dadurch fällt es den anderen Gruppenmit-

gliedern leichter, über den Inhalt einer persönlichen Meinung sachlich zu sprechen, statt gegen eine generalisierende Behauptung angehen zu müssen.
- BEVOR WIR JEMANDEM WIDERSPRECHEN, WIEDERHOLEN WIR MIT EIGENEN WORTEN KNAPP, WAS WIR VOM ANDEREN VERSTANDEN HABEN. Damit vermeiden wir ein Aneinandervorbeireden bei kontroversen Diskussionen.
- WENN WIR EINER ANDEREN MEINUNG WIDERSPRECHEN, STELLEN WIR DAS WEITERFÜHRENDE AN DER EIGENEN IDEE HERAUS. Damit treiben wir den Arbeitsprozess inhaltlich voran und vermeiden, immer wieder auf alte Positionen zurückzukommen.
- WIR BESCHRÄNKEN JEDEN REDEBEITRAG AUF MAXIMAL EINE MINUTE. Damit erreichen wir, dass möglichst viele in der Gruppe zu Wort kommen.
- WIR BEGINNEN PÜNKTLICH UND BEMÜHEN UNS, VEREINBARTE ZEITEN EINZUHALTEN. Damit erreichen wir, dass keiner seine Zeit mit dem Warten auf andere verbringen muss. So haben wir für die geplanten Inhalte die maximale Besprechungszeit zur Verfügung. Wir müssen keine Überstunden leisten und können im Anschluss an die Besprechung verlässlich andere Verabredungen treffen.
- IN DEN FÄLLEN, IN DENEN ES UNS SINNVOLL ERSCHEINT, ERARBEITEN WIR UNSERE ERGEBNISSE KONSENSORIENTIERT – UND MÖGLICHST NICHT AUF DER GRUNDLAGE VON MEHRHEITSABSTIMMUNGEN. Damit versuchen wir »Winner-Loser«-Situationen zu vermeiden und »Winner-Winner«-Gelegenheiten zu schaffen.
- JEDER EINZELNE ÜBERNIMMT AUFGABEN, DIE IM ANSCHLUSS AN DIE SITZUNG ZU ERLEDIGEN SIND, NUR NACH SORGFÄLTIGER UND KRITISCHER PRÜFUNG: Kann ich die Aufgaben auch wirklich zeitlich und fachlich zufriedenstellend und zuverlässig erledigen? Damit erreichen wir, dass während der Besprechung nur Aufgaben verteilt werden, die später auch wirklich umgesetzt werden.

Teil 7

Nichts als Schwierigkeiten: Störungen und Konflikte in Meetings

Was es nicht alles gibt?!

Schwierige Situationen in Besprechungen? Störungen und Konflikte? Es gibt Besprechungsleitungen, die erleben selten etwas Problematisches, andere wiederum können beim Aufzählen kein Ende finden. Einige Beispiele?

- Teilnehmer quatschen immer wieder dazwischen!
- Teilnehmer stellen die Leitungskompetenz massiv infrage!
- Teilnehmer führen untereinander Krieg, zumindest kleinere Scharmützel!
- Keiner hört zu, alle sind sie mit Smartphones beschäftigt!
- Gnadenlos werden ständig die gleichen Argumente wiederholt!
- Die Diskussion entwickelt sich chaotisch und läuft vollständig aus dem Ruder!
- Ein Teilnehmer möchte die Leitung an sich reißen!
- Einige Teilnehmer sind extrem schüchtern und machen den Mund nicht auf!
- Keiner will irgendwelche Aufgaben übernehmen!
- Einzelne Teilnehmer reden alles in Grund und Boden, werfen nur mit Killerphrasen um sich!

Den kommunikativen Trick, mit dem alle Schwierigkeiten in einer Besprechung glücklich und für alle Zeiten gelöst werden, gibt es nicht. Aber vieles ist den Versuch wert! Einiges, was Sie tun können, um Schwierigkeiten zu vermeiden, haben wir schon dargestellt: Mit der einfühlsamen und zielgerichteten Vorbereitung über die passenden Rahmenbedingungen bis hin zum kommunikativen Handwerkszeug legen Sie die Grundlagen für ein einigermaßen störungsfreies Gelingen Ihrer Besprechung. Und darüber hinaus? Sie erhalten in fünf Kapiteln wertvolle Anstöße für Ihre eigene Praxis.

Wann ist ein Konflikt ein Konflikt? – Wie ist das bei Ihnen?

Ein altes Sprichwort lautet: »Was dem einen seine Eule, ist dem anderen seine Nachtigall.« So ist es auch mit sogenannten Konfliktsignalen. Was bei dem einen Panik aufkommen lässt, produziert bei jemand anderem Glücksgefühle. Wie ist das bei Ihnen? Eule oder Nachtigall?

Für manche Leiterin ist ein Teilnehmer, der die Besprechungsleitung an sich reißen möchte, eine ernsthafte Bedrohung; für andere dagegen stellt er einen Verbündeten dar, der bei der Zielerreichung und im Umgang mit anderen Teilnehmern hilfreich sein kann.

Oder: Der Teilnehmer, der laut sein »Ist doch alles Quatsch hier!« dazwischen ruft, erzeugt bei der einen Sitzungsleitung innere Panik: Die Zielerreichung scheint gefährdet, ein Streit unausweichlich. Die andere dagegen atmet befreit auf, weil sich die Chance bietet, eine vielleicht schon eingeschlafene Diskussion wieder in Gang zu bringen.

Mit anderen Worten: Jeder Mensch nimmt sogenannte Störungssignale anders wahr und bewertet sie unterschiedlich. Die Störung gibt es nicht. Jeder Hörer hört mit seinen eigenen über Jahre hinweg gelernten Mustern und seiner eigenen Erfahrung. Und entsprechend reagiert jede Besprechungsleitung anders.

Wie ist das bei Ihnen?

Nichts als Schwierigkeiten: Störungen und Konflikte ...

»IST DOCH ALLES QUATSCH HIER!«

Wie würden Sie sich, liebe Leserin und lieber Leser, selbst einschätzen. Wie reagieren Sie normalerweise bei einem plötzlich und laut ausgerufenen »Ist doch alles Quatsch hier!«? Wo liegt Ihre persönliche, über Jahre hinweg gelernte erste spontane Reaktion? Wichtig: Versuchen Sie, sich so selbstkritisch wie möglich auf die Schliche zu kommen.

»Ist doch alles Quatsch hier!« löst bei mir spontan aus:

1 ----- 2 ----- 3 ----- 4 ----- 5 ----- 6 ----- 7 ----- 8 ----- 9 ----- 10

Hier nun einige Anregungen für die Weiterarbeit:

O Wenn Sie jetzt einmal an die Besprechungsleiterinnen und -leiter denken, die Sie persönlich sehr bewundern, die Sie als für sich vorbildlich kennengelernt haben – wie werden diese bei dem Einwurf »Ist doch alles Quatsch hier!« reagieren?

1 ----- 2 ----- 3 ----- 4 ----- 5 ----- 6 ----- 7 ----- 8 ----- 9 ----- 10

Wie reagieren diese anders als Sie?

....
....
....

O Und wenn Sie an möglichst viele bisher erlebte Besprechungen in Ihrem Berufsleben denken: Welche Besprechungsleiterinnen und -leiter kennen Sie, deren Reaktion sehr weit links oder sehr weit rechts liegen würde? Wie unterscheidet sich deren Verhalten in Konflikten?

Was würden Sie vom Verhalten der anderen gern übernehmen?

....
....
....

Was würden Sie vom Verhalten der anderen eher vermeiden?

....
....
....

Wann ist ein Konflikt ein Konflikt? – Wie ist das bei Ihnen?

Als Autoren hören wir gelegentlich den Einwand: »Aber meine Reaktion hängt doch davon ab, wie mir der andere in der Besprechung kommt. Wenn er schießt, schieße ich auch zurück, wenn er freundlich ist, bin ich ebenfalls freundlich. Ist doch ganz einfach und natürlich! Oder?« Nun denn, so kann man die Welt auch sehen. Nur legt eine solche Reaktion die Verantwortung für das eigene Leitungshandeln in die Hände des möglicherweise aufgebrachten, aggressiven, bösartigen oder auch nur verunsicherten oder ängstlichen Teilnehmers. Egal was dieser Mensch so anstellt, man reagiert nur! Und die Entschuldigung klingt stammtischhaft vertraut: »In so einer Situation muss man ... Es ist doch nur normal, dass man sich das nicht gefallen lässt und ...«

Wir dagegen erlauben uns, Ihnen den unbequemeren Weg anzubieten. Vergessen Sie einmal für ein paar Augenblicke den anderen und überlegen stattdessen, was Sie selbst wollen. Und wenn Sie sich entscheiden, einen Einwurf nicht als Konfliktangebot zu hören, sondern beispielsweise als Gesprächsangebot, dann werden Sie anders reagieren, als wenn Sie den Einwand als Kritik an Ihrem Verhalten als Besprechungsleitung verstehen. Und damit wären wir wie mit vielen unserer Anregungen bei einer Erweiterung Ihres Handlungspotenzials. Dass dies eine Menge Achtsamkeit für sich selbst und viel Übung bedarf, ist uns durchaus bewusst. Hilfreich erleben wir dabei die Arbeit mit den vier Ohren, die der Hamburger Kommunikationswissenschaftler Friedemann Schulz von Thun in seinem Modell von den vier Ohren der Informationsaufnahme beschrieben hat.

Störungen und Konflikte gelassen wahrnehmen

> Sie meinen, liebe Leserin und lieber Leser, Sie hätten zwei Ohren. Von wegen – in Wirklichkeit sind es vier. Und je nachdem, welches Sie gerade ganz weit geöffnet haben, werden Sie anders wahrnehmen, fühlen, denken und handeln. Das birgt enorme Chancen für den Umgang mit Konflikten – auch in der Besprechungsleitung!

Die Idee der **vier Ohren der Informationsaufnahme** besteht darin, dass Sie eine Nachricht, die jemand an Sie gerichtet hat, auf vier verschiedene Arten wahrnehmen, interpretieren und verstehen können – dies ganz unabhängig davon, wie der »Sender« seine Nachricht verstanden haben möchte. Unserer Erfahrung nach werden Sie unterschiedlich reagieren, je nachdem, welches Ohr Sie gerade »spitzen«. Das hat massive Auswirkungen im Umgang mit sogenannten **Störungssignalen.**

HÖREN AUF DEM SACHOHR: Eine von einem Besprechungsteilnehmer an Sie gerichtete Botschaft wie »Die Suche nach neuen Kundengruppen für die Datenbank Pandora hat bei uns noch nie geklappt!« können Sie mit dem Sachohr hören. Das Sachohr hört ausschließlich den Sachinhalt einer Nachricht: »Was ist die Sache, worum geht es inhaltlich?«

Mit diesem Ohr werden Sie aufnehmen, dass etwas Bestimmtes in Ihrer Abteilung oder in der Firma bisher noch nicht funktioniert hat, nämlich die Suche nach neuen Kundengruppen für ein bestimmtes Produkt, in diesem Fall für die Datenbank namens Pandora. Würden Sie ausschließlich diesen Aspekt der Botschaft wahrnehmen, könnten Sie:

Störungen und Konflikte gelassen wahrnehmen

- die Aussage nach richtig oder falsch bewerten und möglicherweise Ihre abweichende Meinung kundtun: »Das ist so nicht richtig, wenn Sie an die Sitzung am … denken, dort …«;
- oder Sie können weitere Informationen abfragen, um die Richtigkeit dieser Aussage besser bewerten zu können: »Da ich in dieser Sache noch nicht so eingebunden bin, was hat denn in der Vergangenheit nicht funktioniert?«

HÖREN AUF DEM APPELLOHR: Den Satz »Die Suche nach neuen Kundengruppen für die Datenbank Pandora hat bei uns noch nie geklappt!« können Sie aber auch als Aufforderung zum Handeln verstehen. Das Appellohr hört: »Ich soll etwas tun, handeln, aktiv werden!« In unserem Beispiel könnten Sie den Appell hören: »Klären Sie als Leiterin erst einmal die Ursachen für das bisherige Scheitern unserer Suchbemühungen bevor Sie …!« oder »Besprechen Sie mit uns besser ein anderes Thema als die Suche nach Kunden für diese Datenbank!« Mögliche Reaktionen Ihrerseits könnten sein:

- »Ich habe mich für diese Sitzung bewusst dagegen entschieden, Ursachenforschung zu betreiben. Natürlich interessieren mich die Gründe für das bisherige Scheitern. Da biete ich Ihnen an … Heute habe ich mir ein besonderes Verfahren ausgedacht, mit dem wir sicherlich brauchbare Ergebnisse erzielen werden.«
- »Ich halte es für außerordentlich wichtig, dass wir mit diesem Thema beginnen, weil …«
- »Was sollten wir Ihrer Meinung nach stattdessen tun?«

HÖREN AUF DEM SELBSTOFFENBARUNGSOHR: Mit jeder Botschaft, die ein Teilnehmer sendet, offenbart er etwas über seine Person. Entsprechend können Sie wahrnehmen, was der andere Ihnen über sich selbst als Person mitteilt. Ihr Selbstoffenbarungsohr hört: »Du über dich! Das offenbart der andere also über sich, seinen momentanen Zustand, seine Gefühle, Befindlichkeit.« Aus der Nachricht

»Die Suche nach neuen Kundengruppen für die Datenbank Pandora hat bei uns noch nie geklappt!« hören Sie möglicherweise folgende Selbstoffenbarung des Sprechers heraus: »Ich habe mehr als genug mit den alten Kundengruppen zu tun, bin bis über beide Ohren mit Arbeit voll, ich mag keine neuen Kunden mehr bearbeiten.« Oder: »Ich hätte mich eigentlich schon lange mit neuen Kundengruppen beschäftigen sollen, was ich einfach verschlafen habe. Das macht mir ein schlechtes Gewissen und ich habe Angst, hier in der Besprechung vorgeführt zu werden ...«
Für den Fall, dass Sie ausschließlich auf diesem Ohr hören, könnte Ihre Reaktion folgendermaßen ausfallen:

- »Ich weiß, dass Sie alle hier im Raum bisher keine Zeit hatten, sich mit dem Thema zu beschäftigen, da das erfolgreiche Beackern der alten Kunden viel Zeit in Anspruch genommen hat. Und das hat sich in den guten Zahlen im letzten Jahr niedergeschlagen. Für den Fall, dass wir Erfolg versprechende neue Kunden angehen, heißt das natürlich, dass wir uns ...«
- Sie könnten jedoch auch fragen: »Was ist es genau, was Ihnen hier schwierig erscheint?«

HÖREN AUF DEM PARTNEROHR: Wenn Sie dieses Ohr weit aufgesperrt haben, sind Sie für den Aspekt der Nachricht empfänglich, der sich auf Ihre eigene Person – und in Besprechungen besonders auf die »Leitungsperson« – bezieht. Sie hören das, was der andere über Sie persönlich aussagt: »Du über mich, wie siehst du mich, was hältst du von mir?« Aus dem Satz »Die Suche nach neuen Kundengruppen für die Datenbank Pandora hat bei uns noch nie geklappt!« hören Sie vielleicht: »Sie sind noch viel zu jung und unerfahren, um ein solches Thema hier einigermaßen erfolgreich in der Besprechung abzuarbeiten.« Oder: »Sie sind als Besprechungsleitung nicht auf dem Laufenden, sonst wüssten Sie, dass dieses Thema in unserer Abteilung keinen Anklang findet.« Sie könnten aber auch hören: »Toll,

Sie sind aber mutig, dass Sie sich das hier mit uns zutrauen!« Entsprechend könnte Ihre Reaktion – angenommen Sie hören nur mit dem Partnerohr – ausfallen:

- (vielleicht mit etwas flauem Gefühl im Magen)»Ich habe in meiner letzten Verwendung schon eine Reihe derartiger Workshops durchgeführt, und in allen Fällen ...«
- (mit freudigem Lächeln)»Also, ich bin auch ganz zuversichtlich, dass wir heute ... nachdem ich mitbekommen habe, wie Sie in den letzten Wochen ...«

Natürlich ist für das Einschalten, die Auswahl Ihrer Ohren die Art entscheidend, wie die Botschaft selbst vermittelt wurde: also Stimme, Ton, Mimik Körpersprache. Hinzu kommt die Vorgeschichte, die Sie mit dem Sender der Botschaft verbindet. Und dann ist da noch Ihre aktuelle Stimmungslage, Ihr Energiehaushalt, aber auch Ihre momentane Lebenssituation, Ihre Lebenserfahrung. So hören beispielsweise jüngere Mitarbeiter häufig vor allem mit dem Partnerohr. Sie versuchen, den Nachrichten der anderen Kollegen zu entnehmen, wie sie»ankommen«, wo ihr Platz in der Organisation ist, ob das, was sie leisten, anerkannt wird. Und wenn Sie sich in exponierter Stellung wie in einer Leitungsrolle auch noch etwas unwohl fühlen, dann kann es geschehen, dass Sie vor allem kritische Teilnehmeräußerungen auf sich persönlich beziehen, also überwiegend mit dem Partnerohr hören.

KONKRETE TIPPS FÜR DIE OHRENSCHALTUNG IN BESPRECHUNGEN

Wichtig ist erst einmal, sensibel dafür zu werden, mit welchen Ohren Sie grundsätzlich in Konfliktsituationen jeglicher Art hören. Das gilt nicht nur in Besprechungen. In Besprechungen ist es hilfreich, in kritischen Situationen das Partnerohr, also das Ohr, auf dem Sie hören, was der andere über Sie persönlich aussagt, möglichst geschlossen zu halten. Wenn Sie massive Störungen wahrnehmen, sollten Sie verstärkt auf dem Selbstoffenbarungsohr und dem Sachohr hören. Den Arbeitsprozess treiben Sie mit den entsprechenden Fragen voran:

- »Was stört Sie im Moment?«
- »Wo genau liegt Ihr Ärger?«
- »Was beunruhigt Sie an dem Thema?«
- «Was ist genau geschehen?«
- »Was hat in der Vergangenheit die Probleme ausgelöst?«
- »Wie sehen Sie die Chance ... und warum ...?«

Es geht also darum, die Debatte möglichst zu versachlichen, gleichzeitig den anderen mit seinen Gefühlen ernst zu nehmen. Und Sie selbst bleiben handlungsfähig: Wenn Sie in kritischen Situationen einen Eindruck davon bekommen, wo der Ärger des anderen liegt, fühlen Sie sich nicht mehr persönlich so sehr in der Schusslinie, wie in den ersten Minuten, nachdem Ihnen das »Alles Unsinn hier mit dieser Suche ...« über Ihr Partnerohr in die Glieder gefahren ist.«

Und das Appellohr? Vor allem in der Verantwortung als Besprechungsleitung stellen sich für Sie immer wieder folgende Fragen:

- Was bedeutet das Ergebnis dieses kurzen Klärungsgesprächs für die nächsten Schritte in dieser Besprechung? Mit welchen Fragen, Aufforderungen bringe ich die Teilnehmer zum nächsten Schritt auf dem Weg zur Zielerreichung?
- Welche Maßnahmen ergeben sich aus dem Besprochenen für die Zeit nach der Sitzung?
- Was muss in den Maßnahmenplan aufgenommen werden?
- Wer macht was bis wann?
- Was soll im Protokoll erscheinen?

Störungen und Konflikte gelassen wahrnehmen

EMPFEHLUNG FÜR EINE STRESSREDUZIERTE »OHRENSCHALTUNG« IN KRITISCHEN SITUATIONEN

Ausgangslage: Sie nehmen Signale des Ärgers, der Kritik, des Protestes von einem anderen wahr.

Erstens: Bitte zuerst das Selbstoffenbarungsohr einschalten. Was offenbart der andere über seine Person? Fragen Sie beispielsweise:
- »Was stört Sie im Moment?«
- »Wo genau liegt Ihr Ärger?«
- »Was beunruhigt Sie an dem Thema?«
- »Was fühlen Sie bezüglich …?«

Zweitens: Mal mehr oder weniger übergangslos das Sachohr einschalten. Was ist Sache, worum geht es inhaltlich genau? Fragen Sie beispielsweise:
- »Was ist genau geschehen?«
- »Wie würden Sie das Problem beschreiben?«
- »Was haben Sie konkret erlebt?«
- »Was ist dann noch alles passiert?«
- »Wenn Sie das einmal in Zahlen ausdrücken, was …?«

Drittens: Anschließend das Appellohr einschalten. Was soll ich tun, wie soll ich tätig werden? Fragen Sie sich beispielsweise:
- »Was bedeutet das Ergebnis dieses kurzen Klärungsgesprächs für die nächsten Schritte in dieser Besprechung? Mit welchen Fragen, Aufforderungen bringe ich die Teilnehmer zum nächsten Schritt auf dem Weg zur Zielerreichung?«
- »Welche Maßnahmen lassen sich aus diesem kurzen Klärungsgespräch für die Zeit nach der Besprechung ableiten und sollten festgehalten werden?«

Sie können die Teilnehmer fragen:
- »Was sollte jetzt nach Ihren Vorstellungen geschehen?«
- »Was sind Ihrer Meinung nach die nächsten Schritte?«

Aber Vorsicht! Mit diesen Fragen eröffnen Sie möglicherweise eine Diskussion über das weitere Vorgehen in Ihrer Besprechung, über Methoden und weitere Arbeitsschritte. Dies ist jedoch Ihre ganz eigene Kompetenz in der Funktion als Besprechungsleitung, die Sie nur in Ausnahmefällen – Sie kennen die Gruppe sehr gut und erleben sie als unterstützend und sachorientiert – zur Diskussion stellen sollten!

Viertens: Nach der Besprechung können Sie in einer ruhigen Minute auch das Partnerohr einschalten. Was hat der andere über mich ausgesagt? Fragen, die Sie sich stellen könnten:
- »Was hat der andere im Gespräch über mich ausgesagt? Wie sieht er mich?«
- »Was habe ich Positives über mich in dem Gespräch herausgehört? Und was bedeutet das für mein weiteres Handeln?
- »Was habe ich Kritisches über mich herausgehört? Was will ich davon später noch klären und was bedeutet dies für mein weiteres Handeln?«

Wann auf Störungen reagieren – mit welcher Einstellung aktiv werden?

Sobald es kriselt, können Sie etwas unternehmen – Sie können es aber auch sein lassen! Vom Aussitzen und Angreifen – wozu tendieren Sie?

Selbst für den Fall, dass Ihrer Wahrnehmung nach Teilnehmer untereinander streiten, jemand dumme Witze macht oder permanent mit Killerphrasen um sich wirft, müssen Sie in Ihrer Rolle als Besprechungsleitung nicht auf jede Situation offensiv reagieren. Kümmern Sie sich um einen Konflikt oder um eine Störung erst dann, wenn Sie das sichere Gefühl haben, dass der Ablauf der Sitzung oder das Erreichen des Besprechungsziels massiv gefährdet sind. Das wird natürlich von Sitzung zu Sitzung und von Teilnehmerkreis zu Teilnehmerkreis unterschiedlich sein. Es ist nicht Ihre Aufgabe, jede Besprechung als Bühne oder Konfliktlöseforum für sämtliche gerade aufkochende Probleme zu begreifen. Störungen haben Vorrang, aber nur soweit es sich um Störungen handelt, die die erfolgreiche Bearbeitung des Themas, das Erreichen des Ziels infrage stellen.

Für Sie als Verantwortliche in der Sitzung wird es dadurch nicht unbedingt leichter. So manche Besprechungsleitung, die darauf verzichtet, auf erste Störungssignale zu reagieren, wird plötzlich von einem handfesten Konflikt überrascht, während ein anderer glaubt, frühzeitig ein Signal als ernstzunehmende Störung diagnostizieren zu müssen, mit dem Erfolg, dass es dann erst richtig losgeht, was sonst nicht der Fall gewesen wäre.

Für das rechte Maß gibt es keine Formel. Sie entwickeln ein Gefühl dafür, indem Sie Erfahrungen machen und diese für sich auswerten:

- Warum habe ich in der Situation eingegriffen beziehungsweise nicht eingegriffen? Was hat mich dazu veranlasst?
- Was würde ich in der gleichen Situation beim nächsten Mal unternehmen?

Vielleicht haben Sie Lust, ein ganz persönliches Konfliktreaktionsprofil zu zeichnen. Wozu neigen Sie in Besprechungen? Welche Vorteile und mögliche Nachteile hat die jeweilige Haltung?

KONFLIKTE

»KONFLIKTEN GEHE ICH AUS DEM WEG – AUSWEICHEN UND AUSSITZEN IST MEINE DEVISE.«

trifft häufig auf mich zu   O   O   O   O   O   trifft selten auf mich zu
               1   2   3   4   5

VORTEILE FÜR MICH ALS BESPRECHUNGSLEITUNG
Vieles erledigt sich einfach von selbst, man muss mit dem Meeting nur weitermachen. Es geht ohne Umwege zum Ziel. Und wer weiß, was geschieht, wenn ich den Konflikt anspreche. Außerdem werden die Konflikte im Laufe der Zeit weniger wichtig.

NACHTEILE FÜR MICH ALS BESPRECHUNGSLEITUNG
Latente Konflikte können das Besprechungsklima belasten. Die Betroffenen »rächen« sich möglicherweise an anderer Stelle während der Sitzung, bekämpfen sich bei einer Sachfrage, die sonst unproblematisch wäre. Es kann auch zu einem Transfer des Konflikts außerhalb der Sitzung kommen.

»IN KONFLIKTEN GEBE ICH SCHON MAL KLEIN BEI, FÜGE MICH DEM ANGREIFER – WIESO SICH DIE ARBEIT MACHEN, KOSTET DOCH NUR KRAFT?«

trifft häufig auf mich zu   O   O   O   O   O   trifft selten auf mich zu
               1   2   3   4   5

VORTEILE FÜR MICH ALS BESPRECHUNGSLEITUNG
Unangenehme Themen bleiben draußen. Ich lege mich nicht mit der Gruppe an. Wir kommen in der Besprechung schneller voran.

NACHTEILE FÜR MICH ALS BESPRECHUNGSLEITUNG
Das Ansehen als Besprechungsleitung wird nachhaltig beschädigt: »Man muss nur genug Druck machen, dann kippt sie schon um«. Dieses Verhalten kann geradezu zu aggressiven Situationen einladen.

Wann auf Störungen reagieren?

»ANGRIFF IST DIE BESTE VERTEIDIGUNG – SOBALD MIR JEMAND QUERKOMMT, SCHIESSE ICH ZURÜCK!

trifft häufig trifft selten auf
auf mich zu O O O O O mich zu
 1 2 3 4 5

VORTEILE FÜR MICH ALS BESPRECHUNGSLEITUNG
Schnelles Erledigen konfliktgeladener Situationen, Störungen können im Keim erstickt werden. Meine dominante Rolle als Leitung ist nicht gefährdet.

NACHTEILE FÜR MICH ALS BESPRECHUNGSLEITUNG
Das Besprechungsklima bekommt etwas Kriegerisches. Es geht um Gewinner und Verlierer, um Unterlegene, um Durchsetzung, Schnelligkeit, Härte. Kreative Arbeitsprozesse verlieren an Gewicht, die Stilleren ziehen sich eher zurück.

»KONFLIKTE GEHE ICH OFFENSIV AN UND VERSUCHE IN DER OFFENEN AUSEINANDERSETZUNG MIT MEINEM GEGENÜBER WIEDER HANDLUNGSFÄHIGKEIT HERZUSTELLEN.«

trifft häufig trifft selten auf
auf mich zu O O O O O mich zu
 1 2 3 4 5

VORTEILE FÜR MICH ALS BESPRECHUNGSLEITUNG
Ich zeige Mut vor allen anderen Besprechungsteilnehmern, indem ich mich dem Konflikt stelle. Ich signalisiere mein Interesse an der Lösung einer Störung, damit wieder in Richtung Ziel weitergearbeitet werden kann. Ich werde von den meisten Besprechungsteilnehmern als jemand wahrgenommen, die die Situation in den Griff zu bekommen versucht, der es um die Sache geht.

NACHTEILE FÜR MICH ALS BESPRECHUNGSLEITUNG
Eine offensive und offene Konfliktbewältigung kostet Kraft und Konzentration und ist manchmal gegen die eigenen Gefühle gerichtet: »Am liebsten möchte ich mal allen gehörig die Meinung sagen!« Wie bei jedem Versuch, durch Kommunikation eine Lösung zu erzielen, gibt es auch hier keine Garantie des Gelingens. Die Beschäftigung mit dem Konflikt kostet Zeit und kann die Zielerreichung gefährden und damit das Anliegen der gesamten Besprechung in Gefahr bringen.

MÖGLICHE FRAGEN ZUR AUSWERTUNG IHRER ANTWORTEN:
Wenn ich mir das Gesamtbild meiner Einstellungen anschaue: Wie zufrieden bin ich mit meiner bisherigen Haltung?
Was könnte ich eventuell überdenken?
Wozu benötige ich noch Informationen? Worauf möchte ich beim Lesen der folgenden Kapitel, in denen es um konkretes Verhalten in kritischen Situationen geht, noch gezielt achten?

Konflikte und Störungen offensiv angehen – so können Sie vorgehen

Es knallt! »Was mache ich jetzt bloß als Erstes? Und was danach und was dann?« Neun Schritte, die Ihnen Sicherheit geben können. Ein Crashkurs in Sachen Krisenmanagement.

SCHRITT 1: DIE STÖRUNG, DEN KONFLIKT WAHRNEHMEN. Fragen Sie sich: Was erlebe ich im Moment? Wie geht es mir dabei? Was sind meine Gefühle in dieser Situation? Was höre ich auf dem Selbstoffenbarungsohr, Sachohr, Appellohr, Partnerohr?

SCHRITT 2: ICH MUSS FÜR MICH ALS BESPRECHUNGSLEITUNG ENTSCHEIDEN. Gehen Sie in sich und entscheiden Sie: Erlebe ich diese Störung so, dass sie den Arbeitsprozess massiv behindert und die Zielerreichung infrage stellt? Kann ich über die Störung erst einmal hinwegsehen und -hören, da der Arbeitsprozess nicht übermäßig in Gefahr ist?

SCHRITT 3: PAUSE MACHEN UND MIT DEN BETEILIGEN SPRECHEN. Überlegen Sie, ob entweder eine Pause sinnvoll und möglich ist, in der Sie als Besprechungsleitung mit den Beteiligten rede, um danach in der Sitzung mit dem Sachthema weiterzumachen, oder ob Sie die Störung direkt ansprechen.

SCHRITT 4: STÖRUNG IN DER BESPRECHUNG DIREKT ANSPRECHEN. In diesem Fall gilt: Möglichst neutral bleiben. Die eigenen Beobachtungen mitteilen. Allen Beteiligten gegenüber gleichermaßen mit Wertschätzung begegnen. Das Anliegen des Arbeitsprozesses wiederholen, nämlich das Erreichen der eingangs besprochenen Ziele. Wichtig: Vorsicht mit Schuldzuweisungen und wertenden Verhal-

Konflikte und Störungen offensiv angehen ...

tenszuschreibungen wie »Sie stören!«, »Ihr Verhalten verhindert eine schnelle ...«, »An Ihnen liegt es, dass wir seit ...«. Stellen Sie stattdessen fest, nachdem Sie das von Ihnen wahrgenommene Verhalten beschrieben: »Ihre Aussage ›der neue Slogan ist Pipifax‹ empfinde ich für die weitere Diskussion nicht hilfreich. Daher meine Frage an Sie, was konkret ...«

SCHRITT 5: DIE BETROFFENEN BEZIEHUNGSWEISE VERURSACHER NACH IHREM ANLIEGEN IN DER SITUATION FRAGEN. »Worum geht es Ihnen?«, »Was kann in dieser Sitzung geleistet werden, um Ihrem Anliegen gerecht zu werden?«

SCHRITT 6: DIE GRUPPE UM RÜCKMELDUNG ZUR SITUATION BITTEN. Hier können Sie die Gruppe fragen: »Wie sehen die anderen die Situation?«

SCHRITT 7: KONFLIKTKLÄRUNG SOFORT ODER SPÄTER? Überlegen, ob Sie als Leitung die Klärung des Konflikts oder der Störung während der aktuellen Besprechung ermöglichen wollen, oder ob dies nach der Sitzung separat geschehen soll. Hier spielen folgende Fragen eine Rolle:

- Um welche Form eines Konflikts handelt es sich?
- Wie wichtig ist eine Besprechung oder Klärung sofort während der aktuellen Sitzung?
- Welchen Nutzen würde eine sofortige Klärung für die Besprechung oder langfristig für die Betroffenen oder die anderen Teilnehmer haben?
- Was bedeutet eine sofortige Konfliktbearbeitung für die zur Verfügung stehende Zeit?
- Inwieweit würde eine Konfliktbehandlung noch in dieser Sitzung die sachliche Bearbeitung der TOP und damit die Zielerreichung der gesamten Besprechung gefährden? Kann

ich als Besprechungsverantwortliche ein Nichterreichen des Ziels beziehungsweise der Ziele zu diesem konkreten Zeitpunkt verantworten (beispielsweise einem Auftraggeber gegenüber)?

SCHRITT 8: DAS WEITERE VORGEHEN KOMMUNIZIEREN, WENN DER KONFLIKT NICHT SOFORT BEHANDELT WIRD. Wenn Sie sich entscheiden, den Konflikt in der laufenden Besprechung nicht zu behandeln, gilt Folgendes: Dies ausführlich begründen! Gleichzeitig eine Perspektive aufzeigen, wie eine Konfliktbehandlung nach der Sitzung aussehen kann (eigene Sitzung, bi- oder trilaterale Gespräche, Eskalation und anderes mehr). Eventuell Hilfe bei der Konfliktlösung anbieten.

SCHRITT 9: DAS WEITERE VORGEHEN KOMMUNIZIEREN, WENN DER KONFLIKT IN DER AKTUELLEN SITZUNG BEHANDELT WERDEN SOLL. In diesem Fall ist wichtig: Zeitdauer vorschlagen. Ziel der Konfliktklärung anbieten – beispielsweise das Verständlichmachen der gegenseitigen Perspektiven, damit alle wissen, woran sie sind oder Treffen einer Vereinbarung, mit der weitergearbeitet werden kann. Spielregeln anbieten, beispielsweise:

- Schuldzuweisungen vermeiden, stattdessen das eigene Anliegen vortragen und vertreten
- ausreden lassen und zuhören
- durch Perspektivenwechsel die Perspektive des anderen verstehen wollen – ohne sie unbedingt zu akzeptieren
- auf Gemeinsamkeiten achten

Die unterschiedlichen Perspektiven der Beteiligten abfragen, für gegenseitiges Verstehen (nicht »Einverständnis«!) sorgen und in einer möglichst ergebnisorientierten Diskussion versuchen, eine Lösung für den konkreten Moment zu erreichen.

Was machen Sie, wenn …?

… Plaudertaschen reden und reden, Schweigsame aber auch gar nichts sagen, liebe Kollegen engagiert mit einem völlig fremden Thema anfangen, Sie als Leiterin angegriffen werden, Teilnehmer sich in Detaildiskussionen verbeißen, Killerphrasen die Runde machen, wichtige Umsetzer verkünden, keine Zeit zu haben, dauernd Smartphone stören und keiner pünktlich zum Rendezvous erscheint?

… PLAUDERTASCHEN REDEN UND REDEN UND REDEN? Hören Sie zunächst sehr intensiv mit Ihrem Selbstoffenbarungsohr zu: Was sagt der Vielredner über sich selbst aus? Wie lauten seine Ich-Botschaften? Ist es Begeisterung über ein bestimmtes Thema? Ist es Sorge, dass ein bestimmter Aspekt einer Fragestellung nicht berücksichtigt wird? Oder ist es einfach die pure Lust am Sprechen?

Und dann schalten Sie Ihr Appellohr ein: Wie können Sie ihm helfen, ohne dass die Besprechung gefährdet ist oder andere zu kurz kommen? Bleiben Sie wertschätzend der Person gegenüber. Setzen Sie aber gleichzeitig deutliche Signale, dass Sie die Leitung nicht aus der Hand geben. Unterbrechen Sie auf eine elegante Art und Weise, indem Sie Schlüsselwörter des anderen übernehmen und dann mit einer Frage an die anderen oder mit einem eigenen Vorschlag fortfahren: »›Kostenbewusstsein‹ war Ihr letztes Beispiel, Herr …, das ist auch aus meiner Sicht ein wichtiges Argument. Daher möchte ich von allen hier im Raum einmal wissen, wie sie sich die Umsetzung vorstellen. Vielleicht einmal der Reihe nach, Frau …!«

Was können Sie noch tun? Da Vielredner gern das schon einmal Gesagte wiederholen, visualisieren Sie wichtige Aussagen, Standpunkte, Fragen. Sie können mit dem Hinweis darauf, dass ein bestimmter Punkt bereits besprochen und festgehalten wurde, um Beendigung der Diskussion bitten. Und noch etwas: Reden Sie mit Ihrem »Lieblings-Vielredner«! Nutzen Sie Pausen oder ein Gespräch im Anschluss an die Besprechung oder gehen Sie schon im Vorfeld einer bevorstehenden Besprechung auf ihn zu. Je nachdem, wie Ihre beiderseitige Beziehung ist, können Sie um Zurückhaltung bitten. Sie können aber auch versuchen, seine Position zu verstehen (großes Selbstoffenbarungsohr) und überlegen, wie Sie dafür in der Besprechung einen besonderen Platz einräumen.

... SCHWEIGSAME ABER AUCH GAR NICHTS SAGEN? Vielleicht freuen Sie sich, wenn alles ruhig bleibt. So geht Ihre Besprechung ohne Ärger schnell zu Ende. Vielleicht sind Sie aber auf die inhaltlichen Anregungen der Teilnehmer angewiesen, dann stört das Schweigen. Bevor Sie Ihre »Lieblings-Schweiger« nicht mehr zu Besprechungen einladen oder aus einer laufenden Sitzung herauswerfen, überlegen Sie sich einmal Folgendes:

- Was behindert in der aktuellen Besprechungssituation die Beteiligung zurückhaltender Mitarbeiter? Was geschieht hier gerade auf der Beziehungsebene?
- Wo liegen die Stärken dieser Menschen?
- Wie können Sie auch die Ruhigen dazu bringen, sich zu beteiligen, ohne dass diese sich vorgeführt und bloßgestellt fühlen?

Jetzt können Sie aktiv werden. Mit einer Kartenabfrage sollen sich sämtliche Teilnehmer einmal schriftlich zu einem Thema äußern. Oder: Mit einem Meinungsbild – »Jeder sagt einmal der Reihe nach, was sie oder er zum Thema Kostenbewusstsein im Bereich ... hält« – lassen Sie alle zu Wort kommen.

Sie können Einzelne gezielt und begründet ansprechen: »Frau ..., Sie haben doch vor zwei Monaten ein ähnliches Problem sehr elegant bei Ihrem Kunden ... gelöst. Wie sind Sie da vorgegangen?« Und später weiter: »Wenn Sie mit der Erfahrung, die Sie da vor zwei Monaten gemacht haben, heute mit dem aktuellen Problem bei Kunden ... konfrontiert würden, was wäre Ihr Vorschlag, wie ...?«

Was machen Sie, wenn ...?

Wichtig: Wenn Sie die Schweigsamen direkt ansprechen, begründen Sie Ihre Frage und fragen Sie offen, um den Eindruck zu vermeiden, den anderen vorführen zu wollen.

... LIEBE KOLLEGEN ENGAGIERT MIT EINEM THEMA ANFANGEN, DAS ÜBERHAUPT NICHT IN DIE HEUTIGE BESPRECHUNG GEHÖRT? Richten Sie zu Beginn einer jeden Besprechung, in der dieser Fall auftreten könnte, einen Fragenspeicher ein. Das bedeutet: Fragen, die während des gesamten Arbeitsprozesses auftreten und nicht sofort beantwortet werden können oder nicht direkt zum Thema gehören, werden notiert und an einer extra dafür vorgesehenen Stelle (Flipchart, Whiteboard, Datei) »geparkt«. Damit bekommen manche Störungen in der Gruppe oder besondere Bedürfnisse Einzelner einen angemessenen Platz. Die Fragen werden zu einem festgelegten Zeitpunkt (meistens am Ende der Sitzung, gelegentlich auch in einer fest geplanten Folgesitzung) wieder aufgegriffen und bearbeitet. So können Sie vorgehen:

- Hintergründe und Zweck eines Fragenspeichers werden von der Besprechungsleitung situationsbezogen eingeführt. Es wird in der Gruppe ein Zeitpunkt festgelegt, zu dem der Speicher abgearbeitet wird.
- Können bestimmte Fragen oder Probleme während der Arbeitssitzung nicht geklärt werden, weist die Besprechungsleitung auf die Möglichkeit hin, sie als Frage formuliert in den Speicher aufzunehmen. Sie selbst oder ein anderer Teilnehmer formuliert die entsprechende Frage.
- Bevor die Besprechung beendet wird, muss auf jeden Fall noch einmal auf die Fragen eingegangen werden: Hat sich die Frage im Verlauf der Sitzung erledigt? Wer macht was im Anschluss an das Meeting, um die Frage zu beantworten? Wie wird die Antwort kommuniziert?

... SIE ALS BESPRECHUNGSLEITERIN MASSIV ANGEGRIFFEN WERDEN?
Beispiel: »Warum sind Sie so schwach und lassen sich von der Geschäftsleitung kritiklos das Thema neue Kundengruppen für Pandora aufdrängen, das wir dann hier abarbeiten müssen, obwohl das doch völlig sinnlos ist, wie jeder hier im Raum weiß?«

Pause, Pause, Pause machen! Also auf keinen Fall sofort reagieren, zurückschießen oder meinen, umgehend eine elegante Erwiderung parat haben zu müssen.

Stattdessen tief und lange ausatmen, ruhig wieder einatmen. Schalten Sie das Selbstoffenbarungsohr und das Sachohr ein, fragen Sie nach: »Ich höre viel Unzufriedenheit bei Ihnen. Was konkret ist es ...?« Oder: »Mir ist im Moment nicht klar, worum es Ihnen geht, was meinen Sie mit ...?« Oder: »Womit sind Sie im Moment nicht einverstanden? Bitte bringen Sie ein Beispiel, damit ...«

Hören Sie aufmerksam zu: Worum geht es dem anderen? Was ist sein Thema? Und dann: Zu welchem der vielleicht mehreren Teilaspekte, die Sie wahrgenommen haben, möchten Sie sich äußern und zu welchen nicht? Geht es im Moment um ein inhaltliches, ein methodisches oder ein Problem auf der Beziehungsebene? Vorsicht vor dem spontanen Wechsel der Ebenen!

Wollen Sie wirklich auf die emotional gefärbten Teile des Arguments reagieren, also auf »sind Sie so schwach ... kritiklos das Thema aufdrängen ... völlig sinnlos«? Oder wollen Sie diese einfach überhören (was wir empfehlen) und lieber mit dem Sachohr arbeiten, also beispielsweise auf »Geschäftsleitung will das Thema neue Kundengruppen«, oder »Wie sinnvoll ist das Suchen neuer Kundengruppen« eingehen? Dann antworten Sie, indem Sie erst einmal Ihr Thema formulieren und dann Ihre Argumente. Schließen Sie mit einem Vorschlag zum weiteren Vorgehen ab. Beispielsweise: »Wenn ich Sie richtig verstanden habe, geht es Ihnen um die Frage, warum wir mit unserer Datenbank Pandora einen derart hohen Umsatz generieren müssen und nicht versuchen, mit unseren vier anderen Produkten ... Aus meiner Sicht sprechen drei Gründe dafür, näm-

lich … Für unser weiteres Vorgehen in dieser Besprechung schlage ich nun vor …«
Eine bestimmt, jedoch freundlich vorgetragene und eindeutig artikulierte Position kann für die anderen Teilnehmer richtungsweisend wirken und Ihre Souveränität als Sitzungsleitung unterstreichen:»Sie interpretieren mein Verhalten der Geschäftsleitung gegenüber als ›kritiklos‹. Darüber möchte ich hier nicht diskutieren. (Oder: Das sehe ich vollkommen anders. Ich habe der Geschäftsleitung gestern … Gleichzeitig jedoch akzeptiere ich …) Das Thema, um das es mir im Moment geht, lautet … Meine Bitte an Sie alle hier im Raum …«

… TEILNEHMER SICH IN DETAILDISKUSSIONEN VERBEISSEN, KEINER MEHR WEISS, WORUM ES NOCH GEHT UND ALLES CHAOTISCH ZU WERDEN DROHT?
Wenn es ganz schlimm kommt: eine Pause anbieten, Fenster öffnen, Kaffee ausschenken, (bisher versteckte) besonders leckere Kekse auftischen, Schokolade mit hohem Kakaogehalt knabbern lassen … Gleichzeitig können Sie überlegen, wie Sie den aktuellen Diskussionsstand visualisieren können, beispielsweise auf einem Flipchart. Beginnen Sie nach der Pause mit einer kurzen Bestandsaufnahme des bisherigen Geschehens und bieten Sie Fragen oder konkrete Arbeitsschritte für das weitere Vorgehen an. Wichtig: Visualisierungen wirken Wunder!

… SIE MIT KILLERPHRASEN KONFRONTIERT WERDEN? Killerphrasen sind Behauptungen in einem Wortwechsel, die

- vom Sprecher nicht begründet werden,
- kaum »auf die Schnelle« zu widerlegen sind,
- durchaus einen wahren Kern beinhalten können,
- häufig emotional aufgeladen sind,
- Ihre inhaltlichen Ausführungen total infrage stellen oder als unsinnig, naiv, blauäugig, praxisfremd wirken lassen,

- Sie als Person infrage stellen können,
- dem Sprecher in der Position des Überlegenen das letzte Wort lassen sollen.

Beispiele für Killerphrasen:

- »Das ist bei uns immer schon schief gegangen!«
- »Das haben wir schon immer so gemacht.«
- »Wir können hier ganz offen sein: Das, meine liebe Kollegin wird die Geschäftsleitung nie und nimmer auch nur anschauen.«
- »Man merkt, dass Sie nicht aus dem Vertrieb kommen!«
- »Die Vorschläge in Ihrem Buch klingen aber sehr theoretisch.«
- »Ich bin seit 30 Jahren in diesem Betrieb und weiß genau, auf welch tönernen Füßen das Budget steht. Daher kann ich Ihnen mit absoluter Sicherheit sagen, wie das mit Ihrer Idee enden wird: sehr, sehr schlimm.«

Was ist zu tun? – Die Konfrontation mit Killerphrasen ist selten erfreulich. Vor allem deshalb, weil sie die unausgesprochene Botschaft transportieren: »Ich will gar nicht argumentieren und möchte keinesfalls in Ruhe und fair Ansichten und Meinungen mit dir austauschen, bin gar nicht an der Veränderung meiner festen Meinung interessiert, möchte nur verunsichern, das letzte Wort behalten.« Gleichzeitig bieten Killerphrasen auf der inhaltlichen Ebene Argumente, denen durchaus etwas Wahres anhaftet – »… das Budget ist in der Tat … und der Fürsprecher meiner Idee in der Bereichsleitung hatte schon dezente Zweifel …«

Wenn Sie sich entscheiden, auf die Killerphrase einzugehen, empfehlen wir Ihnen, den anderen mit Fragen in die Beweispflicht zu bringen. Überlegen Sie sich dabei aber, zu welchem in einer allgemeinen Killerphrase steckenden Thema Sie vom anderen Inhalte geliefert bekommen wollen.

Was machen Sie, wenn …?

Killerphrase: »Hier in der netten Besprechungsrunde klingt das schön und gut. Aber draußen, in der Praxis bei unseren Kunden da klappt das nie und nimmer.«

- **Reaktion 1:** »Sie sprechen die Vorteile unseres Vorschlags an. Was klingt Ihrer Meinung nach positiv? Was noch? Was noch? Was noch?«
- **Reaktion 2:** »Sie meinen, dass der Verkauf von … nicht so leicht verlaufen wird. Wo sehen Sie Schwierigkeiten?«

Bleiben Sie bei diesem Vorgehen freundlich und an der Sache orientiert. Gleichzeitig signalisieren Sie der Gruppe, dass man bei Ihnen mit allgemeinen und unüberlegt dahergeredeten Phrasen nicht durchkommt.

Außerdem können Sie die Killerphrase elegant überhören und mit Ihren Ausführungen einfach fortfahren, in der Hoffnung, dass Ihr Gegenüber die Lust am Weitermachen verliert.

Oder Sie können das Thema, das mit einer Killerphrase angesprochen wird, bewusst vertagen oder wegdrücken: Killerphrase: »Das Vorgehen hat in unserer Abteilung noch nie funktioniert, und wir haben es schon mindestens fünfmal versucht.« Ihre Antwort: »Ich möchte an dieser Stelle noch nicht auf die Umsetzung eingehen. Dazu mache ich Ihnen beim Tagesordnungspunkt … einen Vorschlag. Mir liegt im Moment die Frage am Herzen, wie …«

Sie können versuchen, den auch für Sie interessanten Kern des Killerarguments herauszuschälen und einen Vorschlag für das weitere Vorgehen zu machen: »Sie haben Recht, der heutige Lösungsversuch hat eine Reihe interessanter Vorgänger. Aus deren Scheitern haben wir jedoch gelernt. Beispielsweise … Daher sieht unser weiteres Vorgehen folgendermaßen aus … Wir werden …«

Sie können versuchen, eine Killerphrase elegant mit einer anderen zu parieren. Killerphrase: »Das geht nicht so einfach, wie Sie sich das vorstellen!« Ihre Antwort: »Da höre ich den Theoretiker aus

Ihnen sprechen.« Der Vorteil: Sie behalten das letzte Wort, haben möglicherweise die meisten Lacher auf Ihrer Seite. Der Nachteil: Sie laufen Gefahr, in einen Beziehungskonflikt hineinzurutschen, der Ihre Leitungsrolle gefährdet. Schnell wird aus einem Schlagabtausch ein Konflikt, in dem Sie die Übersicht über den Besprechungsprozess verlieren. Hinzu kommt, dass es gar nicht so leicht ist, zu jeder Killerphrase schnell eine entsprechende Antwort zu finden. Und gelegentlich wird Ihre elegante Antwort mit einer neuen Killerphrase gekontert, was die Stimmung schnell eskalieren lässt.

... BEI DER FESTLEGUNG DER MASSNAHMEN WICHTIGE »UMSETZER« LAUTSTARK VERKÜNDEN: »DAZU HABE ICH ABER GAR KEINE ZEIT!« Hier ein möglicher Eskalationsfahrplan:

- **Option 1:** Den Einwand aufmerksam aufnehmen und erst einmal nicht aktiv darauf eingehen. Weitermachen und bei der späteren Festlegung von Maßnahmen deren Notwendigkeit besonders begründen und um die Übernahme von Aufgaben bitten.
- **Option 2:** Den Einwand aufgreifen und gezielt nachfragen: »Was bedeutet dieser Hinweis für unsere weitere Zusammenarbeit beim Thema ...?« Oder: »Welche Auswirkungen könnte Ihr Hinweis auf die Umsetzung von ... haben? Wie sehen Sie dann die Umsetzung der hier gemeinsam erarbeiteten Ideen gewährleistet?«
- **Option 3:** Versuchen, den inhaltlichen Kern der genannten Begründungen zu verstehen. Dies auch darstellen. Anschließend auf die Einwände eingehen und dabei deutlich noch einmal die Ziele des gesamten Projekts darstellen, deren Wichtigkeit für das Unternehmen, die Abteilung, auf einzelne Anwesende hinweisen, möglicherweise die Einstellung der Geschäftsleitung anführen und somit begründen, wie wichtig die Übernahme bestimmter Aufgaben durch den Betreffenden ist. Möglicherweise

Hilfe anbieten: »Unter welcher Konstellation können Sie sich vorstellen, die Aufgaben …? Wie kann ich Ihnen …?«
- **Option 4:** Bei weiterer grundsätzlicher Verweigerung: Die Einwände des Gegenübers aufgreifen und direkt das Gelingen des Projekts thematisieren: »Wie soll das … gelingen, wenn die Aufgaben …?« Eventuell die Gruppe in die Argumentation mit einbinden.
- **Option 5:** Konfrontation und deutlicher Appell: »So gut ich einige Ihrer Gründe nachvollziehen kann, beispielsweise …, bin ich doch, was die zu übernehmenden Aufgaben angeht, gänzlicher anderer Meinung als Sie. Ich glaube, es ist Ihre Aufgabe … zu übernehmen. Daher meine dringende Bitte …« Auf Konsequenzen bei einer weiteren »Verweigerung« hinweisen, sowohl was das Gelingen des Projekts angeht als auch was die Reaktionen der Auftraggeber oder höheren Hierarchen angeht.
- **Option 6:** Kurze Unterbrechung der Sitzung, um die Pause zu einer bilateralen Aussprache zu nutzen, in der Tacheles geredet werden kann.
- **Option 7:** Bei weiterer Verweigerung in der gesamten Besprechungsrunde auf die Konsequenzen des Verhaltens hinweisen, die Sitzung möglicherweise beenden oder mit den anderen Themen weitermachen. Nach der Sitzung Eskalation bis hin zur Einbeziehung der Geschäftsleitung.

… WÄHREND DER SITZUNG DAUERND DIE SMARTPHONES VIBRIEREN, TUTEN, QUIETSCHEN, PIEPSEN, SINGEN …? Da gibt es nur eine Möglichkeit: Spätestens an dieser Stelle sollten Sie zusammen mit den Teilnehmern eine Handy-Regelung vereinbaren. Begründen Sie, warum der permanente Blick aufs Smartphone und das ständige Nachrichtenchecken von der inhaltlichen Arbeit ablenken und dass Sie vorschlagen, die Geräte zur Seite zu legen. Bieten Sie zudem an, nach … Minuten eine kurze Smartphone-Pause einzulegen. Unserer Erfahrung nach finden erwachsene Sitzungsteilnehmer und erfahrene Besprechungsleitungen immer eine Regelung, mit der alle drei Seiten (Leitung, Teilnehmer, Sacharbeit) ziemlich gut leben können. Und wenn es trotzdem nichts hilft, es also weiterhin alle paar Sekunden in jeder Hose und Handtasche vibriert und der Griff zum Smartphone so automatisch erfolgt wie der des Alkoholikers zur Flasche? Hier noch ein paar ungewöhnliche Anregungen:

- Lassen Sie es einfach zu, outen Sie sich als Digital Native und ziehen Sie die Sitzung stringent durch, vollkommen unbeeindruckt davon, ob jemand gerade in Facebook ist, twittert, E-Mails abruft, im Netz surft oder einen der neuen Chatdienste nutzt.
- Investieren Sie in ein Berliner Start-up, das gerade eine App entwickelt, die Ihren Meetingteilnehmern zu Beginn der Sitzung für die gesamte Dauer der Besprechung automatisch auf sämtliche Smartphones und Tablets gespielt wird und die »akustische Stromschläge« verteilt (zum Beispiel laut und schrill »A...« brüllt), sollte jemand während Ihrer Leitung irgendeine beliebige Taste auf dem Gerät berühren.
- Sammeln Sie vor Beginn der Sitzung alle Smartphones ein und deponieren sie diese in einem schalldichten Sack. Nach der Sitzung verteilen Sie die Geräte bunt an alle Anwesenden. So sind Sie sicher, dass niemand vor dem Ende der Sitzung den Raum verlässt und Sie sorgen zusätzlich noch für eine spannende Smartphone-sucht-Besitzer-Übung. Manche lebenslange Freundschaft konnte auf diese Weise schon gestiftet werden.
- Machen Sie einfach mit. Legen Sie zu Beginn der Sitzung Ihre drei Smartphones vor sich auf den Tisch und beginnen mit der Leitung. Sollte jedoch irgendeine Nachricht eingehen, gehen Sie ran: Beantworten Sie Ihre E-Mails, whatsappen Sie mit dem Freund, twittern mit der Chefin, telefonieren Sie – natürlich nur sehr kurz – mit dem Gatten, geben Sie online Bestellungen auf und und und. Die Teilnehmer werden Sie lieben.

Teil 8

Geht häufig unter: Visualisierungen, Protokoll und Nachbereitung

Visualisierungen wirken Wunder!

> Besprechungen, in denen viel visualisiert wird, verlaufen zielgerichteter und auch konfliktfreier. Sie dauern vielleicht ein klein wenig länger, dafür kommt mehr dabei heraus. Und trotzdem, wer macht sich schon die Mühe, nimmt einen Stift und fängt einfach an? Es würde sich lohnen!

Eine sorgfältig vorbereitete und von den Teilnehmern engagiert verfolgte Besprechung schafft sich gelegentlich ein besonderes Problem: Sie erzeugt in kurzer Zeit gute Ideen, brauchbare Vorschläge, nützliche Anregungen und überraschende Perspektiven, die zu zukunftsweisenden Entwicklungen führen können. Und dann? Dann wird vielleicht das eine oder andere Ergebnis ins Protokoll aufgenommen. Alles andere jedoch gerät mit der Zeit in Vergessenheit.

Wir sind der festen Überzeugung, dass in einer Besprechung, während der für alle nachvollziehbar visualisiert wird, zielgerichteter, disziplinierter und mit mehr gegenseitigem Verstehen gearbeitet wird als in einer Sitzung, in der komplexe Zusammenhänge ausschließlich verbal beschrieben werden.

Welche Technik Sie auch immer nutzen – Laptop mit Beamer, Serviette am Stehtisch, Whiteboard oder das in dieser Hinsicht unschlagbare Flipchart – versuchen Sie Kernaussagen aufzuschreiben, Zusammenhänge zu skizzieren, Prozesse aufzumalen, Strukturen zu zeichnen, Abhängigkeiten mit Strichen oder Pfeilen abzubilden, Wichtiges mit rot hervorzuheben, Vereinbarungen mit grün zu markieren und und und. Schaffen Sie so ein »lebendiges«, manchmal chaotisch wirkendes, immer jedoch von allen verstandenes Abbild von Teilen Ihrer Diskussion.

Das Visualisieren hilft Missverständnisse zu vermeiden. Gleichzeitig wissen alle Beteiligten, an welchem Punkt der Debatte die Gruppe gerade ist. Hinzu kommt, dass Inhalte die gesamte Besprechungsdauer über einsehbar und damit verfügbar sind. Nichts wirk-

Visualisierungen wirken Wunder!

lich Wichtiges geht verloren, alles Geschriebene kann jederzeit weiterbearbeitet werden.

Und noch eine Beobachtung aus unserer Praxis: In Sitzungen, in denen visualisiert wird, verhalten sich die Teilnehmer engagierter als in Sitzungen, in denen über Komplexität nur geredet wird. Vielleicht, weil es weniger anstrengend ist und weil sie auch sehen können, wie ihre Anregungen zum Entstehen des Ganzen beitragen. Menschen sind stolz, wenn sie ihre Ideen auf einer mit lesbarer Handschrift verfassten Flipchartseite wiederfinden. Und was einmal visualisiert wurde, bleibt den meisten Teilnehmern länger im Gedächtnis.

Auf dem Markt sind aktuell sehr viele Publikationen, die vielfältige Anregungen für das Visualisieren in Besprechungen oder Workshops geben. In »Auf der Serviette erklärt« bis zu »100 Tipps & Tricks für Pinnwand und Flipchart« finden Sie alles, was Ihnen Mut macht, einen Stift in die Hand zu nehmen und loszulegen. Wir haben für Sie in unserer kommentierten Literaturliste (s. S. 182 ff.) einige der aktuellen Werke zusammengestellt.

Protokoll und Nachbereitung – muss das sein? Ja!

> Wozu braucht es ein Protokoll? Was gehört hinein? Und vor dem Feierabend noch eine kurze Nachbereitung!

Das menschliche Gedächtnis hat die Eigenart, so manches zu vergessen. Das gilt auch (und besonders?) für Inhalte von Meetings. Damit zumindest das Wichtigste und für das weitere Überleben des Unternehmens Nötige erhalten bleibt, dafür gibt es das Protokoll.

Nun haben sich die Zeiten hier ebenfalls verändert: Während früher – mal mehr oder weniger sorgfältig – über sehr viele Seiten hinweg der Verlauf einer Diskussion sowie deren Ergebnisse aufgezeichnet, das Ganze mehrmals korrigiert, dann abgezeichnet, schließlich verschickt und von niemandem gelesen wurde, werden heute die Ergebnisse der Besprechung in eine E-Mail gepackt, an möglichst viele Kolleginnen und Kollegen verschickt und genauso wenig gelesen.

Benötigen wir dann überhaupt ein Protokoll? Wir meinen: Ja! Wie schon mehrfach dargestellt: Kein Tagesordnungspunkt ohne Ergebnis, ohne Maßnahme. Und dieses Ergebnis gehört ebenso wie auch jede Maßnahme möglichst klar formuliert in das Protokoll. Damit später noch nachvollziehbar ist, wer da eigentlich was besprochen und entschieden hat, empfehlen wir folgende Inhalte für ein Protokoll:

Protokoll und Nachbereitung – muss das sein? Ja!

DIESE INHALTE KOMMEN INS PROTOKOLL

	Gilt für meine nächste Besprechung
KOPF MIT RAHMENDATEN	
Informationen über Titel, Ort und Dauer der Besprechung	O
Teilnehmer an der Besprechung (inklusive zeitweise geladene Gäste)	O
Besprechungsleitung	O
Protokollführung	O
Verteiler: Wer bekommt das Protokoll?	O
FÜR JEDEN TAGESORDNUNGSPUNKT (TOP)	
Thema des TOP mit dem Ziel der Behandlung	O
Darstellung der erzielten Ergebnisse und Entscheidungen für den TOP	O
Vereinbarte Maßnahmen: Wer macht was bis wann?	O
Darstellung der noch offenen Punkte mit dem Hinweis, wie mit den einzelnen Punkten weiter verfahren werden soll	O
AN DAS ENDE DES PROTOKOLLS	
Weitere Termine und Vereinbarungen, wenn geplant	O
Auflistung von Anhängen	O
In manchen Fällen: Unterschriften Sitzungsleitung und Protokollant	O

Für den Fall, dass in Ihrer Organisation oder in Ihrem Unternehmen keine bestehenden Regelungen für Form und Inhalte der Besprechungsprotokolle bestehen, empfehlen wir für die Durchführung:

- Der oder die Protokollführende sollte vor, jedoch spätestens zu Beginn der Sitzung bestimmt werden. Es sollte nicht die Besprechungsleitung sein. Um der in vielen Organisationen verbreiteten Protokollschreibeunlust Herr zu werden, sollte die Protokollführung von Sitzung zu Sitzung wechseln.
- Wir empfehlen das Protokoll direkt nach der Sitzung fertigzustellen. Am besten, indem sich Protokollführung und Leitung kurz zusammensetzen und den Inhalt absprechen, der später noch einmal von der Leitung final abgesegnet wird.
- Dabei wird auch der Verteiler festgelegt. Nicht jeder im Unternehmen muss mit den Ergebnissen der 14. Sitzung zur Gestaltung der Blumengestecke beim Hauptabteilungsleitertreffen beglückt werden (auch wenn die Facebook-Generation gern alles mit allen teilen möchte ...). Wer über den direkten Teilnehmerkreis hinaus noch direkt von den Ergebnissen der Sitzung betroffen ist und aus Sicht der Leitung diese Ergebnisse auch bewusst zur Kenntnis nehmen soll, nur der bekommt mit einem knappen, ermunternden Anschreiben das Protokoll.

UND DIE NACHBEREITUNG?

Jetzt wäre Feierabend! Und dennoch – es geht weiter: mit den vereinbarten Aufgaben, der Zusammenarbeit mit den Teilnehmern und irgendwann mit Ihrer nächsten Sitzung. Wir empfehlen eine (wirklich) kurze Nachbereitung. Dabei sollen folgende Fragen helfen:

Protokoll und Nachbereitung – muss das sein? Ja!

NACHBEREITUNG DER SITZUNG

Die Umsetzung der getroffenen Entscheidungen
Um welche der während der Sitzung getroffenen Ergebnisse und Entscheidungen muss ich mich noch weiter kümmern?

Am besten mache ich:

....

Welche konkreten Schritte zur Umsetzung sollte ich unternehmen? (Mit wem muss ich jetzt im Anschluss an die Sitzung noch sprechen? Wem muss ich bei der Umsetzung besonders helfen? Wer kann mich noch unterstützen?)

Am besten mache ich:

....

Weitere Maßnahmen nach der Besprechung
Tue Gutes und rede drüber: Welche Personen, die bei der Sitzung nicht anwesend waren, möchte ich über die Besprechung sowie über die Ergebnisse und/oder Besonderheiten während der Besprechung informieren?

Am besten mache ich:

....

Vier-Augen-Gespräche beim Kaffee: Wer hat sich während der Besprechung möglicherweise geärgert, verletzt gefühlt, falsch behandelt gefühlt ...? Wie sinnvoll erscheint mir ein klärendes Gespräch mit Einladung zum Kaffee?

Am besten mache ich:

....

Wer hat während der Besprechung gestört, sich unmöglich aufgeführt, andere niedergeredet ...? Wie sinnvoll erscheint mir ein klärendes Gespräch, um ein solches Verhalten in Zukunft zu vermeiden?

Am besten mache ich:

....

Die Folgebesprechung
Für den Fall, dass es zu einem Thema dieser Sitzung eine weitere Besprechung gibt, was muss ich bei der Vorbereitung dieser neuen Sitzung besonders beachten?

....

Lernen für zukünftige Besprechungsleitungen
An was erinnere ich mich? Was ist mir wichtig? Welche konkreten Maßnahmen treffe ich für mein zukünftiges Vorgehen?

Am besten mache ich:

....

Welche direkten oder indirekten Rückmeldungen habe ich von Teilnehmern für meine Besprechungsleitung erhalten?

....

Wenn ich an meine Besprechungsleitung denke, was ist mir heute gut gelungen und sollte auch in zukünftigen Besprechungen Eingang finden?

....

Womit bin ich weniger zufrieden und möchte es deshalb beim nächsten Mal anders machen?

....

Teil 9

Wir sind die Neuen – die Vielfalt in der Besprechungslandschaft

Arbeitsgruppen gekonnt moderieren

> Besprechungen leiten oder Besprechungen moderieren – für die meisten gibt es da keinen Unterschied. O-Ton: »Moderieren klingt moderner. Was soll's, dann sprechen wir halt von ›Moderation‹«. Wir tun dies jedoch nicht! Differenzierungen bereichern die Praxis und erweitern die Handlungsmöglichkeiten für das Arbeiten mit Gruppen.

»MODERATION« IST DOCH NUR EIN ANDERES WORT FÜR »BESPRECHUNGSLEITUNG« – ODER?

Auch wenn in vielen Köpfen immer noch die Vorstellung herumgeistert, dass »moderieren« und »leiten« unterschiedliche Begriffe für ein und dieselbe Sache sind: Sie sind es nicht! Beide Begriffe bezeichnen unterschiedliche Konzepte: Bei der **klassischen Besprechungsleitung** (um die es in diesem Buch bisher ging) versucht die Leiterin unter Einbeziehung der anwesenden Besprechungsteilnehmer ein Ziel zu erreichen. Sie selbst hat häufig ein Interesse am Thema, äußert daher auch ihre Ansichten und beteiligt sich engagiert inhaltlich an der Diskussion.

Anders bei einer **idealtypischen Moderation**. Hier ist es eine (Arbeits-)Gruppe, die ein bestimmtes Ziel erreichen will oder soll. Beispielsweise sollen Arbeitsabläufe verbessert werden. Die Arbeitsgruppe ist für die inhaltliche Qualität des Ergebnisses verantwortlich. Der Moderator wiederum unterstützt die Gruppe bei der Zielerreichung. Dazu bleibt er – eine seiner wichtigsten und in der Praxis häufig schwer zu lebenden Kompetenzen – inhaltlich neutral. Er hält sich also aus inhaltlichen Diskussionen heraus. Stattdessen schlägt er der Gruppe immer wieder konkrete Arbeitsschritte vor,

Arbeitsgruppen gekonnt moderieren

beispielsweise eine Ideensammlung, eine Ideenbewertung, eine kurze Kleingruppenarbeit zu kontroversen Vorschlägen oder eine intensive Diskussion mit anschließendem Maßnahmenplan. Und wenn der Moderator »gut« ist, dann schafft er es, dass selbst in emotional geladenen Situationen sämtliche Teilnehmer an den Sitzungen gleichberechtigt, aktiv und kreativ mitmachen, und dass alle mit dem Gefühl aus der Sitzung herausgehen, dass trotz vielfältiger Auseinandersetzungen doch immer wieder zur Sacharbeit zurückgefunden wurde.

Um einem häufig zu hörenden Missverständnis vorzubeugen: Auf keinen Fall soll die Moderation die klassische Besprechungsleitung ersetzen. Die klassischen Besprechungen dürften weiterhin in der Mehrzahl sein, besonders dann, wenn die Leitung inhaltlich mitdiskutiert oder wenn in sehr kurzer Zeit Vorgänge koordiniert, Informationen vermittelt und diskutiert, oder auch in einer Gruppe schnelle Entscheidungen getroffen werden müssen. In den Fällen jedoch, in denen zu einem anspruchsvollen Thema die »geballte« Kompetenz einer Gruppe gefragt ist, diese Gruppe einen großen inhaltlichen Gestaltungsraum hat und ausreichend Zeit für den Arbeitsprozess zur Verfügung steht, sollte man über eine moderierte Arbeitssitzung nachdenken. Bei derartigen Sitzungen kann es sich beispielsweise handeln um:

- Gruppenarbeitssitzungen in der Produktion, in denen über Verbesserungen einzelner Arbeitsschritte inklusive Kosteneinsparungen nachgedacht wird
- Sitzungen, in denen Probleme gelöst werden sollen, beispielsweise der schleppende Informationsfluss zwischen Verkauf und Qualitätssicherung
- »KVP-Gruppen« (Kontinuierliche Verbesserungsprozesse), die über eine schnellere Belieferung wichtiger Kundengruppen nachdenken oder über die Integration von Elementen aus »Industrie 4.0« in die gewerbliche Ausbildung

Das Thema »Zeit und Gestaltungsspielraum« hilft bei der Entscheidung, ob eher Moderation oder Leitung angesagt ist.

Zur Verfügung stehende Zeit für die Themenbearbeitung

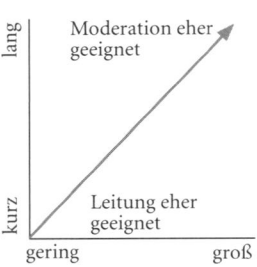

Gestaltungsspielraum der Gruppe

WAS MACHT EINEN ERFOLGREICHEN MODERATOR AUS? NEUN ANREGUNGEN

ERSTENS: DER MODERATOR IST INHALTLICH NEUTRAL. Aus der inhaltlichen Debatte eines Themas hält sich der Moderator während seiner Moderation bewusst heraus. Er vermeidet bewertende Stellungnahmen für oder gegen eine Idee, einen Vorschlag, eine Behauptung oder Aussage. Seine eigene Meinung zum Thema behält er für sich. Er verhält sich also inhaltlich unparteiisch oder neutral. Es gibt für ihn kein »richtig« oder »falsch«.

Der Moderator akzeptiert die jeweiligen Wahrheiten und Wirklichkeiten der Gruppenmitglieder und hilft dabei, dass die Meinungsvielfalt akzeptiert und gegenseitiges Verstehen möglich wird. Damit macht er deutlich, dass er sich nicht auf irgendeine Seite ziehen lässt. Seine Akzeptanz sucht er ausschließlich als methodisch Verantwortlicher für den Arbeitsprozess.

Arbeitsgruppen gekonnt moderieren

ZWEITENS: DER MODERATOR IST PERSONENBEZOGEN NEUTRAL. Mit personenbezogener Neutralität ist keine gefühllose Haltung oder gar Gefühlskälte des Moderators gemeint, sondern eine möglichst gleiche Wertschätzung allen Beteiligten gegenüber. Der Moderator lebt das Prinzip »Gleichberechtigung aller Gruppenmitglieder« vor. Niemand wird bevorzugt oder benachteiligt, die Meinungen, Haltungen und Einstellungen in der Gruppe sind für den Moderator grundsätzlich gleich wichtig. Es ist seine Aufgabe, Minderheiten ebenso Gehör zu verschaffen und damit das gesamte Meinungsspektrum in der Gruppe offenzulegen.

DRITTENS: DER MODERATOR ACHTET DARAUF, DASS DER GESAMTE ARBEITSPROZESS STRUKTURIERT VERLÄUFT. Dazu gehört sowohl der Einstieg in den Arbeitsprozess (beispielsweise mit Begrüßung, Stimmungsabfrage und Zielklärung) als auch der Ausstieg (beispielsweise mit Maßnahmenplan oder Erwartungsabgleich). Dazu gehört ebenso die Gestaltung des Hauptteils, indem beispielsweise Teilziele vereinbart oder unterschiedliche Arbeitsschritte angeboten werden, die systematisch zum Ziel der gesamten Sitzung führen.

VIERTENS: DER MODERATOR ACHTET DARAUF, DASS FÜR DEN ARBEITSPROZESS ZIELE VEREINBART UND IM AUGE BEHALTEN WERDEN. Jede Besprechung, jede Problemlösungssitzung oder jeder Arbeitsprozess hat ein bestimmtes Ziel. Dieses Ziel kann von einem Auftraggeber der Sitzung – beispielsweise der Geschäftsleitung des Unternehmens – vorgegeben sein, es kann aber auch von der Gruppe gemeinsam erarbeitet werden. Das Ziel wird zu Beginn des moderierten Arbeitsprozesses für alle in der Gruppe eindeutig geklärt und visualisiert. An diesem Ziel orientiert sich auch der Moderator in seiner methodischen Verantwortung für den Arbeitsprozess. Er wird alles tun, um die Gruppe auf dem Weg zu diesem Ziel zu unterstützen.

Sich um die Zielverfolgung kümmern bedeutet dann, dass der Moderator der Gruppe mitteilt, an welcher Stelle auf dem Weg zum

Ziel sie gerade steht. Er hilft, Zwischenergebnisse transparent zu machen und diese zu visualisieren. Gleichzeitig macht er die Gruppe darauf aufmerksam, wenn sie vom Weg zum Ziel abweicht, auf Nebenschauplätzen arbeitet oder dabei ist, geplante Arbeitsschritte unbesprochen zu überspringen. Er teilt der Gruppe also mit, was sie gerade tut, und fragt sie, ob sie das, was sie tut, auch wirklich tun will. Es ist dann die Aufgabe der Gruppe, zu entscheiden, wie sie weiterarbeiten möchte: ob der Nebenschauplatz zum – zeitlich begrenzten – Hauptthema werden soll, ob er »vertagt« werden kann und später wieder aufgegriffen werden soll.

Der Moderator wiederholt dabei hauptsächlich mit eigenen Worten die gemachten Äußerungen. Er schafft so Übersicht, sorgt für einen gleichen Diskussionsstand bei allen Anwesenden, weist auf den Unterschied zwischen Verfahrensfragen und inhaltlichem Vorgehen hin. Und er arbeitet mit unterstützenden Fragen. Beispielsweise:

- »Was wollen Sie damit weiter tun?«
- »Was bedeutet diese Aussage für Ihr weiteres Vorgehen?«
- »Was heißt das für die soeben getroffene Entscheidung?«
- »Es wurden soeben zwei alternative Verfahrensvorschläge gemacht, nämlich ...

Die darauf folgenden Äußerungen führen bereits den ersten Vorschlag weiter. Ich empfehle Ihnen, zuerst das weitere Vorgehen zu entscheiden und dann die zugehörigen Fragen zu diskutieren.«

FÜNFTENS: DER MODERATOR ACHTET DARAUF, DASS ER SITUATIV SINNVOLLE ARBEITSVERFAHREN ANBIETET, IHRE REGELN ERLÄUTERT UND DEREN EINHALTUNG ÜBERWACHT. Der Moderator unterbreitet immer wieder Vorschläge, welche konkreten Verfahren möglich und nach seiner Erfahrung zum jeweiligen Zeitpunkt des Geschehens sinnvoll sind, um das gesetzte Ziel zu erreichen. Beispielsweise kann er das Sammeln von Themenvorschlägen durch das Karten-Antwort-Verfahren

Arbeitsgruppen gekonnt moderieren

oder durch ein Brainstorming vorschlagen. Er kann empfehlen, die Reihenfolge für die Themenbearbeitung durch das Gewichtungsverfahren festzulegen, einzelne Themen durch sorgfältig vorbereitete Kleingruppenarbeit oder durch eine moderierte Diskussion zu bearbeiten. Er stellt das spezifische Ziel und die Leistungsfähigkeit des jeweiligen Verfahrens vor, beschreibt den Ablauf und erläutert die spezifischen Regeln für die Durchführung.

SECHSTENS: DER MODERATOR ACHTET DARAUF, DASS DER KONTAKT ZWISCHEN DEN TEILNEHMERN AUF EINER TRAGFÄHIGEN BEZIEHUNGSBRÜCKE VERLÄUFT. Erfolgreiches inhaltliches Arbeiten auf der Sachebene ist nur möglich, wenn die Beziehungen zwischen den unterschiedlichen Gruppenmitgliedern sowie die Art und Weise ihres Umgangs miteinander einigermaßen intakt sind. Störungen auf der Beziehungsebene, beispielsweise ungeklärte Missverständnisse, Rivalität, Neid, unausgesprochene Vorurteile oder alte Beleidigungen, können das Arbeiten an der Sache erschweren, manchmal sogar völlig blockieren.

Der Moderator als Kommunikationsfachmann muss daher auf »auffällige« Interaktionen zwischen den Teilnehmern achten: Beispielsweise, wenn sie aneinander vorbeireden, wenn bestimmte Beiträge nicht ernst genommen werden, wenn Meinungsunterschiede zu persönlichen Angriffen führen. Bei Störungen, die den Arbeitsprozess einer Gruppe offensichtlich stark behindern oder sogar zu blockieren drohen, teilt der Moderator seine Wahrnehmung der Gruppe mit, lenkt ihre Aufmerksamkeit auf die Situation und macht Vorschläge, wie die gesamte Diskussion wieder versachlicht werden kann.

SIEBTENS: DER MODERATOR NIMMT EINE FRAGENDE HALTUNG EIN. Der Moderator unterstützt den Prozess der Gruppe mit Fragen. Er nimmt eine fragende Haltung ein. Er regt alle Teilnehmer an, sich für das Geschehen in der Gruppe zu interessieren und sich mit unterschiedlichen Meinungen und Anregungen auseinanderzusetzen.

Die fragende Haltung ist ein wesentliches Hilfsmittel für den Moderator, um beispielsweise

- die Meinungsvielfalt in der Gruppe transparent zu machen,
- den Gedankenaustausch zwischen den Anwesenden anzuregen und im Fluss zu halten,
- sämtliche Teilnehmer am Arbeitsprozess zu beteiligen,
- auf Zielabweichungen aufmerksam zu machen,
- Störungen im Arbeitsprozess bewusst zu machen,
- die Gruppe zu einer Entscheidung über das weitere Vorgehen zu bringen.

Dazu helfen ihm besonders die offenen Fragen, die sogenannten »W-Fragen«. Sie beinhalten in der Regel keine gedanklichen Vorgaben für eine Antwort (inhaltliche Unparteilichkeit!) und erlauben es den Antwortenden, möglichst viele Informationen untereinander auszutauschen. Beispielsweise:

- »Wie müsste die Zielformulierung ergänzt oder verändert werden, damit wir in den nächsten zwei Stunden mit ihr arbeiten können?«
- »Welche Vorschläge gibt es zur Reduzierung von …?«
- »Welche Meinungen stehen noch im Raum?«
- »Lassen Sie uns ein Meinungsbild erstellen. Jede und jeder von Ihnen begründet mit wenigen Sätzen die eigene Haltung zur Vorgabe … Lassen Sie uns auf der linken Seite anfangen und dann der Reihe nach. Also … Welche Haltung vertreten Sie …?«

ACHTENS: DER MODERATOR ACHTET DARAUF, DASS ER DAS GESCHEHEN IN DER GRUPPE MIT EINER GEWISSEN REGELMÄSSIGKEIT IN EIGENEN WORTEN WIEDERHOLT UND ZUSAMMENFASST. Der Moderator teilt der Gruppe immer wieder mit, was nach seiner Wahrnehmung gerade geschieht oder in den letzten Minuten geschehen ist.

Diese Rückmeldung gibt dem Arbeitsprozess Struktur, vermittelt den Teilnehmern eine bessere Übersicht über das Geschehen, erleichtert und stärkt die Orientierung der Arbeit am Ziel beziehungsweise auf das Ziel hin. Wenn in einer angeregten Diskussion mehrere Meinungen geäußert werden, werden diese vom Moderator wiederholt. So hilft er allen Teilnehmern dabei, sich ein gemeinsames Bild über den Stand des Arbeitsprozesses zu machen.»In den letzten fünf Minuten wurden von der Gruppe vier Gründe für die aufgetretenen Produktionsmängel genannt. Ich habe die Meinungen mitgeschrieben und möchte diese Gründe noch einmal darstellen. Erstens …, zweitens … Mit welchem Punkt wollen Sie sich in den restlichen zehn Minuten vor der Pause zuerst beschäftigen?«

Der Moderator beschreibt also mit eigenen Worten und zusammenfassend das, was er wahrnimmt – beispielsweise die verschiedenen Meinungen, die vielfältigen Vorschläge zum Vorgehen oder die kontroversen Standpunkte, über die – bisher vielleicht unstrukturiert – diskutiert wurde. Wichtig dabei ist, dass der Moderator nicht jede einzelne Teilnehmeräußerung »gleich an sich reißt« und sie wiederholt. Das wäre eher das Verhalten einer Besprechungsleitung, die jede Bemerkung fest im Griff behalten will und das ganze Geschehen auf sich konzentriert. Vielmehr wartet der Moderator ab, bis die Gruppe mehrere (also etwa drei) verschiedene Überlegungen angestellt hat. Eine gelungene moderierte Gruppenarbeit zeichnet sich gerade dadurch aus, dass die Gruppenteilnehmer miteinander diskutieren, streiten, argumentieren und sich dabei auch »in die Augen schauen«. Sie sollen eben nicht jede Äußerung mit Blick auf den Moderator machen, der dadurch nur in die Rolle einer »heimlichen« Diskussionsleitung gedrängt würde. Der Moderator greift dann ein, wenn zu viele Meinungen unstrukturiert im Raum stehen oder wenn zu viele Vorgehensvorschläge gemacht werden, die sich keiner merken kann.

Angemessenes Wiederholen bedeutet zudem, dass der Moderator versucht, nur das wiederzugeben, was er wahrnimmt. Das trennt er deutlich von seinen persönlichen Wertungen, Ideen oder Kritikpunkten, die er für sich behält. Es geht also um den – in der Praxis nicht einfach einzulösenden – Versuch, so etwas wie eine »nicht bewertende« Rückmeldung zu geben.

NEUNTENS: DER MODERATOR VISUALISIERT, VISUALISIERT ... Er arbeitet beispielsweise mit Stichpunkten, Symbolen, Grafiken oder einfachen Bildern und achtet so darauf, dass keine Inhalte verloren gehen.

DIE STÄRKEN DER METHODE

In den letzten Jahren hat sich die Moderationsmethode zunehmend stärker etabliert. Immer häufiger wird auf sie zurückgegriffen, wenn Menschen in Gruppen zusammenkommen, um etwas zu erarbeiten. Die wichtigsten dabei erlebten Stärken dieser Methode sind:

DIE KOMPETENZ, DAS WISSEN UND DIE KREATIVITÄT MÖGLICHST ALLER TEILNEHMER DER ARBEITSSITZUNG WERDEN GENUTZT. Allen Gruppenmitgliedern wird die aktive Teilnahme ermöglicht. Das erhöht die Qualität des Ergebnisses. Dazu werden Arbeitsverfahren eingesetzt, die alle Teilnehmer mit ihren subjektiven Voraussetzungen gleichermaßen aktivieren und einen lebendigen Arbeitsprozess ermöglichen.

DER MODERIERTE ARBEITSPROZESS SOLL EIN HIERARCHIEFREIES KLIMA ERZEUGEN. Die Rolle des Moderators und die Regeln der Moderationsverfahren sind darauf ausgerichtet, in der Gruppe niemanden zu bevorzugen oder zu benachteiligen.

STÖRUNGEN UND KONFLIKTE WÄHREND DER ARBEITSPROZESSE WERDEN BEARBEITET UND VERSACHLICHT. Dies gewährleistet, dass die volle inhaltliche Leistungsfähigkeit der Gruppe erhalten beziehungsweise wiederhergestellt wird.

Arbeitsgruppen gekonnt moderieren

IN EINEM GELUNGENEN MODERIERTEN ARBEITSPROZESS SIND ALLE TEILNEHMER AKTIV BETEILIGT UND GEMEINSAM FÜR DAS INHALTLICHE ERGEBNIS VERANTWORTLICH. Die erarbeiteten Ergebnisse einer moderierten Sitzung finden bei den Teilnehmern daher hohe Akzeptanz, was ihre Realisierungschancen in der Praxis erhöht.

BAUSTEINE FÜR EINE MODERIERTE ARBEITSSITZUNG

Nicht in jeder Sitzung werden sämtliche Punkte angesprochen. Für die Vorbereitung empfiehlt es sich jedoch, mithilfe der folgenden Liste das eigene Vorgehen zu bestimmen.

BAUSTEINE FÜR DEN EINSTIEG:
- Begrüßung, persönliche Vorstellung des Moderators. Anlass, Hintergrund der Sitzung: Warum findet diese Sitzung statt?
- Hinweise auf die Besonderheiten einer moderierten Sitzung – die Gruppe ist »Souverän des Prozesses«.
- Klärung der Rolle des Moderators während der Sitzung – beispielsweise seine inhaltliche Neutralität.
- Ziel der Arbeitssitzung vorstellen, abklären, vereinbaren.
- Ablauf, Verfahren, Zeitrahmen vorstellen, vereinbaren.
- Spielregeln für den Umgang untereinander vorstellen, vereinbaren.

BAUSTEINE FÜR DEN HAUPTTEIL: Hier bieten sich verschiedene Vorgehensweisen an, je nachdem, was in der Sitzung erreicht werden soll. So kann es gehen um:
- Themensammlung
- Themenauswahl
- Themenbearbeitung in Kleingruppen
- Diskussion der Ergebnisse im Plenum
- Verabschiedung eines Maßnahmenplans

Denkbar ist beispielsweise auch:
- Präsentation des aktuellen Problems vor der Gruppe durch einen externen Fachmann
- Sammlung erster Lösungsvorschläge in der Gruppe mithilfe eines Brainstormings
- Diskussion der verschiedenen Lösungsvorschläge
- Bewertung der einzelnen Lösungsvorschläge nach bestimmten Kriterien
- Auswahl der Lösungsvorschläge, die in einem ersten Schritt weiterbearbeitet werden sollen

BAUSTEINE FÜR DEN ABSCHLUSS:
- Aktionsplan oder Maßnahmenplan
- Rückmeldung zur erlebten Arbeitssitzung: »Was ist gelungen? Was machen wir beim nächsten Treffen anders, um unsere Ziele zu erreichen?«
- Beenden der Moderation, Verabschiedung

UND DIE PRAXIS?

Natürlich lassen sich die Vorgaben für eine perfekte Moderation in der Praxis nicht immer so genau umsetzen. Die Moderationspraxis stellt sich meist als äußerst bunt dar. So kann es durchaus vorkommen, dass der Moderator inhaltlich Stellung bezieht. Dann nämlich, wenn er erkennt, dass die Gruppe in eine Sackgasse rennt oder eine wichtige Rahmenbedingung aus den Augen verloren hat. Aber auch dann, wenn er in seiner Rolle als »moderierender Berater« für eine bestimmte Qualität des zu erarbeitenden Ergebnisses verantwortlich ist, kann er seine inhaltliche Neutralität verlassen. Ein erfahrener Moderator macht der Gruppe in diesen besonderen Situationen jedoch deutlich, dass er und warum er sich inhaltlich einschaltet. Damit behält er seine Moderatorenkompetenz und wird weiterhin von der Gruppe als Prozessbegleiter akzeptiert. So gibt es eine Reihe von Feinheiten und Weiterentwicklungen dieser Methode und Kompetenz, über die wir in »Zielgerichtet moderieren« (s. Literaturliste S. 182 ff.) ausführlich und differenziert berichten.

Sitzungen »chairen« – die Kompetenz zwischen Leiten und Moderieren

EIN INTERVIEW MIT HEINRICH BRAUSS

In den vorhergehenden Kapiteln ging es grundsätzlich um zwei Kompetenzen: Bei der Besprechungsleitung steuert der Leiter das Treffen und mischt sich dabei auch inhaltlich in die Diskussion ein. In vielen Fällen verfolgt er eine eigene inhaltliche Agenda. Demgegenüber zeichnet sich die klassische Moderation dadurch aus, dass sich der Moderator inhaltlich neutral verhält, sich mit den eigenen inhaltlichen Vorstellungen, Zielen oder Ansichten zurückhält und die Gruppe dabei unterstützt, ein anspruchsvolles Ergebnis zu erzielen.

Nun findet sich in der Praxis noch eine dritte Form des Begleitens von Sitzungen, bei der es sich weder um das reine Leiten noch um die klassische Moderation handelt. Es geht um das »Chairen« von Sitzungen. In unserem Gespräch wollen wir mit dem ausgewiesenen Praktiker Heinrich Brauß über die Besonderheiten seiner Rolle als Chairman sprechen.

MARTIN HARTMANN: »Herr Brauß, Sie sind Assistant Secretary General (ASG, auf Deutsch Beigeordneter Generalsekretär) im NATO-Hauptquartier in Brüssel und waren vorher in leitender Position im Europäischen Auswärtigen Dienst der Europäischen Union, ebenfalls hier in Brüssel, tätig. Wie sehen Ihre Aufgaben als Beigeordneter Generalsekretär der NATO aus?«
HEINRICH BRAUSS: »Im Großen und Ganzen habe ich drei Hauptaufgaben. Erstens leite ich die Hauptabteilung für Defence Policy and

Sitzungen »chairen« ...

Planning im Internationalen Stab im Hauptquartier der Nordatlantischen Allianz (NATO). Im Deutschen würde man dies etwa mit Verteidigungspolitik, Strategie und Streitkräfteplanung umschreiben. Der Internationale Stab ist der Arbeitsstab des Generalsekretärs der NATO, der dem Nordatlantikrat vorsitzt, dem obersten Entscheidungsgremium des Bündnisses aus 28, bald 29 Nationen. Meine Abteilung besteht aus rund 60 Mitarbeitern, Frauen und Männern aus derzeit 20 Ländern. Wir arbeiten dem Generalsekretär zu und sind beispielsweise für die Vorbereitung der Tagungen der NATO-Verteidigungsminister verantwortlich, die dreimal jährlich zusammenkommen.

Zweitens vertrete ich die NATO in meinem Verantwortungsbereich nach außen, in den Hauptstädten unserer Bündnisnationen und unserer Partnerstaaten sowie in der Öffentlichkeit bei Konferenzen und Seminaren.

Für unser Gespräch ist jedoch meine dritte Aufgabe am wichtigsten: Ich habe den Vorsitz eines der zentralen Ausschüsse des Rats inne, des Defence Policy and Planning Committee, kurz: des DPPC oder auf Deutsch: des Verteidigungspolitischen und Planungsausschusses.«

MH: »In dieser Funktion besteht Ihre Tätigkeit darin, als ›Chairman‹ Sitzungen mit Vertretern sämtlicher NATO-Staaten zu leiten, zu moderieren oder, wie Sie bei der NATO sagen würden, zu ›chairen‹. Gibt es diesen Ausdruck im Deutschen eigentlich?«
HB: »Soweit ich weiß nicht. Im Deutschen würde man von vorsitzen, leiten, vielleicht auch von moderieren sprechen. Den Umfang der Aufgabe erfasst aber keiner der Begriffe ganz. Oder anders: ›Chairen‹ umfasst alle drei zugleich: Vorsitzen, Leiten und Moderieren. Deshalb sprechen auch wir Deutsche in Brüssel im typischen NATO-Jargon salopp von ›chairen‹.«

MH: »Nun zu den Sitzungen, denen Sie vorsitzen, die sie ›chairen‹. Wer nimmt daran teil und worum geht es in der Regel?«

HB: »Das Defence Policy and Planning Committee bereitet die Entscheidungen des Nordatlantikrats auf den Feldern Verteidigungspolitik, Strategie und Streitkräfteplanung vor. In diesem Ausschuss sind alle 28 Bündnisnationen mit den verteidigungspolitischen Beratern der NATO-Botschafter, den Defence Counsellors, vertreten. Er tritt in der Regel dreimal pro Woche zusammen, meistens drei bis vier Stunden am Vormittag. In der Vorbereitung von Ministertagungen oder Gipfeltreffen der Regierungschefs, also dann, wenn die Verhandlungen über Dokumente und Projekte in ihr Endstadium treten, kommt es vor, dass wir nahezu täglich tagen, vor- und nachmittags, und dann auch schon einmal bis in die Nacht oder an Wochenenden.«

MH: »Welche Themen werden in diesen Sitzungen verhandelt und welche Ziele sollen dabei erreicht werden?«

HB: »Im Wesentlichen wird die NATO-Agenda durch die Staats- und Regierungschefs, die Außen- und die Verteidigungsminister bei deren periodischen Treffen bestimmt. Sie diskutieren die aktuellen und künftigen strategischen Herausforderungen, die drängenden sicherheitspolitischen Themen und die Einsätze der Allianzstreitkräfte. Sie geben die große Linie für die Entwicklung der NATO vor und beauftragen den Generalsekretär und ihre permanenten Vertreter im Rat, die NATO-Botschafter, mit der Umsetzung. Dann beginnt die mühevolle Feinarbeit. Das DPPC arbeitet die verteidigungspolitischen Aufträge des Rats ab.

Ein Beispiel aus der letzten Zeit ist die Stärkung der Schutz- und Verteidigungsfähigkeit der NATO gegen die Gefahren, die im Osten von Russland und im Süden Europas von Terrororganisationen wie ISIL ausgehen. Beides wirkt sich – teilweise massiv – auf die Entwicklung der nationalen Streitkräfte und damit auf die Verteidigungshaushalte aus. Dabei müssen die Aufgaben und Lasten unter

Sitzungen »chairen« ...

den Verbündeten fair verteilt werden. Sie können sich denken, dass derartige Themen sehr engagiert und manchmal auch kontrovers diskutiert werden.

Zu allen solchen Aufträgen der Staatschefs, der Verteidigungsminister oder der NATO-Botschafter entwickelt meine Abteilung im Vorfeld der Sitzungen die erforderlichen Entwürfe. Dies verlangt große Sorgfalt, besonders bei komplexen und politisch umstrittenen Themen. Dabei muss sorgsam abgewogen werden, welche Textfassung für 28 Nationen – von Norwegen bis zur Türkei und von Portugal bis zu Estland – verhandlungsfähig ist oder vermutlich auf die größte Zustimmung trifft. Ein erster Entwurf unserer Arbeit wird dann im Ausschuss von den verteidigungspolitischen Beratern der Nationen diskutiert und im Detail – letztlich Satz für Satz – verhandelt. Die Delegierten bringen in den Sitzungen die jeweiligen Positionen ihrer Hauptstädte zur Sprache und wollen diese natürlich im Ergebnis der Verhandlungen reflektiert sehen.

Die Schwierigkeit besteht darin, dass je nach Thema die Positionen der 28 Nationen mal mehr, mal weniger weit auseinanderliegen. Von Sitzung zu Sitzung werden die Entwürfe inhaltlich und sprachlich weiterentwickelt. Das Ziel dieses Prozesses ist ein Dokument, mit dem alle 28 Nationen einverstanden sein können und das dann dem Rat, also den Botschaftern, den Ministern oder – bei sehr weitreichenden Themen – auch den Staats- und Regierungschefs, zur Billigung vorgelegt wird. Mit anderen Worten: Ziel des Verhandlungsprozesses über viele Sitzungen hinweg ist das Erarbeiten eines Konsenses der Bündnispartner. Nach Lage der Dinge in einer internationalen Organisation mit 28 europäischen und nordamerikanischen Nationen handelt es sich dabei stets um einen Kompromiss.«

MH: »Das klingt nicht gerade, als ob es sich um einen Spaziergang handeln würde!«
HB: »Da haben Sie Recht, das ist jedes Mal eine neue, zeitaufwendige und manchmal auch nervenaufreibende, aber stets spannende

Herausforderung. Denn 28 Nationen haben alle eigene Interessen und eigene Agenden, die zu Beginn der Sitzungen zunächst sehr verschieden sein können. Die Herausforderung besteht für alle Beteiligten darin, diese Positionen und Interessen zusammenzuführen. In der NATO gibt es eine Pflicht zum Konsens. Und zu diesem Konsens sollte eigentlich jeder Bündnispartner konstruktiv beitragen. Schwierig wird es dann, wenn sich scheinbar unvereinbare Positionen einzelner Nationen hartnäckig aneinander reiben und die Kontrahenten an Maximalforderungen festhalten oder wenn Einzelne die Konsenspflicht als Veto missbrauchen. Das gibt es dann und wann auch. Dann sind lange und zähe Sitzungen an der Tagesordnung, ergänzt um informelle Treffen mit den Hauptkontrahenten, um einen Kompromiss zu erzielen. Konsens und Kompromiss sind zwei Seiten derselben Medaille.«

MH: »Worin genau besteht Ihre Aufgabe als Chairman in diesen Sitzungen?«

HB: »Der Chairman eines Ratsausschusses hat eine ziemlich einflussreiche und gestaltende Rolle, zudem eine beträchtliche Verantwortung. Alle, die Nationen und der Generalsekretär, erwarten von ihm, dass er die Verhandlungen in ›seinem‹ Ausschuss pünktlich zum Erfolg führt und Probleme löst. Seine Hauptaufgabe ist es, die Diskussion der 28 Nationenvertreter über ein bestimmtes sicherheitspolitisches Thema und die Verhandlungen über einen entsprechenden Text zu organisieren und zu strukturieren, zu fördern und zu unterstützen und schließlich zu einem Ergebnis zu führen, dem alle zustimmen können. Dazu ist er mit beträchtlichen Befugnissen ausgestattet. Als Chairman beraume ich die Sitzungen des DPPC ein, bestimme Format (formell oder informell), Ort und Zeit und setze die Tagesordnung fest. Die zuvor von meinem internationalen Team unter meiner Leitung erstellten Dokumente liegen den Teilnehmern einige Tage vor der Sitzung vor. Ich leite die Sitzung ein und erteile das Wort. Und dann sind wir schon mittendrin in der Arbeit. Jeder

Sitzungen »chairen« ...

Teilnehmer kommt im Lauf der Sitzung nur dann zu Wort, wenn der Chairman ihm dies erteilt. Dazu werde ich von einem Ausschusssekretär oder einer -sekretärin unterstützt, der/die die Liste der Wortmeldungen führt und das Protokoll erstellt.«

MH: »Was zeichnet diese Tätigkeit aus? Worauf achten Sie besonders?«
HB: »Als Chairman steuere ich die Diskussion der 28 Delegierten. Es ist meine Aufgabe, die 28 Nationen zum Konsens zu führen. Ich bin also der Herr des Verfahrens, im wörtlichen Sinne. Aber Herr der Inhalte und der Ergebnisse bleiben letztlich die Nationen. Sie sind der Souverän. Ich bin ihr Diener, Vermittler, Prozessbegleiter, wenn man so will. Ich habe also die Position und Einlassung einer jeden Nation zu respektieren und zu würdigen. Ich höre aktiv zu, wende mich dem jeweiligen Sprecher zu und gebe zu jeder Einlassung eines jeden Delegierten eine Rückmeldung. Das reicht von einem Dank für den Diskussionsbeitrag bis zu einer inhaltlichen Kommentierung. Das kann eine weiterführende Erläuterung sein, aber auch eine inhaltliche Klarstellung und sogar Korrektur – in verbindlichem Ton, versteht sich, aber klar in der Sache.

Im Idealfall entwickelt sich ein Dialog zwischen den Delegierten. In diesen Phasen handle ich wahrscheinlich sehr stark in der von Ihnen idealtypisch als Moderation beschriebenen Rolle. Deren reine Ausprägung ist aber eher selten und kommt meist nur in informellen Zusammenkünften vor.

In offiziellen Sitzungen agiert jede Teilnehmerin und jeder Teilnehmer auf Weisung aus den Hauptstädten, die die Einlassungen festlegen, je nach Nation mal weiter mal enger oder sehr eng gefasst. In den meisten Fällen liegt es also am Chairman, die Diskussion zu strukturieren, voranzutreiben und auf einvernehmliche Positionen hinzulenken. An den passenden Stellen ziehe ich also Zwischenresümees, stelle Gemeinsamkeiten und Unterschiede der Auffassungen heraus, mache auf Widersprüche aufmerksam oder korrigiere Fehleinschätzungen in der Sache, stelle ein strittiges Problem in den größeren Zusammenhang, um es zu relativieren und Alternativen aufzuzeigen. Und ich mache Vorschläge zur Textarbeit, die darauf abzielen, verschiedene Standpunkte zu verbinden. Findet eine Nation keine Unterstützung in ihrer Auffassung, bitte ich deren Vertreter, sich der Mehrheit anzuschließen, was meist, aber nicht immer gelingt.«

MH: »Welche Position vertreten Sie dabei?«

HB: »Als Beigeordneter Generalsekretär im Internationalen Stab der NATO vertrete ich nicht die Interessen einer Nation, geschweige denn die meines eigenen Landes, und kann es auch nicht einseitig unterstützen. Ich vertrete sozusagen das Gesamtinteresse der NATO, also das, worauf sich alle 28 Staatschefs, Minister oder Botschafter als Ziel für die Allianz und deren Weiterentwicklung im Feld ›Defence‹ geeinigt oder konkret als Auftrag an ›meinen‹ Ausschuss gestellt haben. Das bedeutet für die Sitzungen, die ich ›chaire‹, dass ich dort immer sowohl den übergeordneten Auftrag im Auge also auch den NATO-Standpunkt zu vertreten habe. Es ist meine Pflicht, gegenüber den Einzelinteressen der Staaten, vertreten durch ihre Delegierten, deutlich zu machen, was das Gesamtinteresse der 28 erfordert und was der NATO-Rat oder die Gesamtheit der Minister von unserem Ausschuss als Ergebnis erwarten, nämlich einen möglichst tragfähigen Konsens zu einem bestimmten Thema. Mein Fokus liegt also darauf, was die NATO als Ganzes weiterbringt.«

MH: »Sie wären demnach nicht inhaltlich neutral, sondern vertreten inhaltlich eine besondere Position, in Ihrem Fall die der Gesamtorganisation. Diese kann auch von den individuellen Positionen der Nationen abweichen. Auf jeden Fall jedoch sind Sie inhaltlich unparteiisch, lassen sich also nicht durch die Interessen irgendeines Teilnehmers vereinnahmen.«

HB: »Richtig. Als Chairman muss ich ständig eine heikle Balance wahren: Einerseits die Diskussion der Nationen moderieren, da-

Sitzungen »chairen« ...

bei inhaltlich unparteiisch – oder besser: überparteilich – bleiben und dafür sorgen, dass sämtliche Sichtweisen, die einzelnen Nationen wichtig sind, gewürdigt werden, angemessen in den Entscheidungsprozess einbezogen und – wenn immer möglich – im Ergebnis reflektiert werden. Gleichzeitig kann ich mich als Chairman nicht inhaltlich neutral verhalten. Ich muss offen und klar begründet die Diskussion in die Richtung des gegebenen Auftrags des Rats, des NATO-Gesamtinteresses und eines sich abzeichnenden Kompromisses der 28 vorantreiben. Daher greife ich oft auch steuernd und korrigierend in die Diskussion ein. Natürlich mache ich mir dabei, im Rahmen meiner Möglichkeiten, die gegebene Konstellation oder entstehende Dynamik zunutze. Bildet sich eine Mehrheit in Richtung des angestrebten Ergebnisses oder Kompromisses, werbe ich dafür und versuche, die Diskussionsbeiträge weiter in diese Richtung zu lenken.«

MH: »Und das klappt?«
HB: »In den allermeisten Fällen führt ein solches Vorgehen über kurz oder lang zum Erfolg. Dazu sind aber mehrere oder – bei komplizierten, umstrittenen Themen – viele Sitzungen über Wochen hinweg notwendig. Schwierig wird es, wenn Themen zur Debatte stehen, die fundamentale Interessen einzelner Nationen berühren. In solchen Fällen führen die Sitzungen der 28 häufig nicht weiter, weil in der ›Öffentlichkeit‹ der formalen Zusammenkünfte die betroffenen Delegierten strikt an ihre Weisungen aus den Hauptstädten gebunden sind, kein oder nur wenig Terrain preisgeben dürfen und nur einen begrenzten Verhandlungsspielraum haben.

Das hängt auch von der ›Verhandlungskultur‹ der Nationen ab. Weil in diesen besonderen Situationen die Mehrheit der Nationen nicht betroffen ist, lade ich zu informellen Zirkeln ein. Hier treffen wir uns im kleinen Kreis eher ›unter Kollegen‹, die – im Idealfall partnerschaftlich – pragmatische Kompromissmöglichkeiten ausloten. Meine Rolle bleibt dabei im Grunde die gleiche: Auch diese informellen Zusammenkünfte ›chaire‹ ich, jetzt stärker auf das gerichtet, was dem Kompromiss dient. Allerdings kommt bei diesen Treffen gewiss ein erklecklicher Teil Mediation meinerseits hinzu.

Bei allem Moderations- und Mediationsbemühen – auch diese informellen Treffen müssen immer inhaltlich sehr sorgfältig durchdacht und vorbereitet werden. Kompromissvorschläge und Konsensangebote müssen mit Blick auf die Interessen und Möglichkeiten der betroffenen Nationen und die Gesamtorganisation ausgearbeitet und ausformuliert werden. Hier hilft mir mein kompetenter internationaler Stab mit erfahrenen und hochmotivierten Mitarbeiterinnen und Mitarbeitern. Ist eine Lösung gefunden, meist im ›Paket‹, das eine Reihe unterschiedlicher Streitfragen enthält, geht es zurück in die formale Sitzung zur formellen ›Absegnung‹ des Kompromisses.«

MH: »Wie diplomatisch müssen Sie als Chairman den Teilnehmern gegenüber auftreten?«

HB: »Das alte lateinische Motto: ›Fortiter in re, suaviter in modo – klar (und manchmal auch tapfer) in der Sache, verbindlich (und hinreichend geduldig) im Ton und im Vorgehen‹, muss die Devise eines jeden Chairman sein. Es geht um Klarheit, Wertschätzung und Respekt. Als Chairman muss ich von allen Teilnehmern des Ausschusses respektiert werden. Respektiert als inhaltlich kompetent, überparteilich, fair und ermutigend im Umgang mit allen Nationen, als hilfreich, was die Behandlung der unterschiedlichen Interessen angeht, und als kreativ und flexibel in der Suche nach Alternativen und Lösungen. Und von mir wird erwartet, dass ich jedem Delegierten, jeder Nation, den großen wie den kleinen, Respekt entgegenbringe.

Dieser Respekt gilt vor allem den Nationen, vertreten durch ihre Repräsentanten, seien ihre Positionen nach meiner Auffassung auch noch so einseitig oder ihre Taktiken noch so durchsichtig. Sie sind der Souverän und die oberste Autorität in einer Allianz demokratischer Staaten. Keine darf sich durch mein Agieren benachteiligt, alle müssen sich in gleichem Maße gewürdigt fühlen, die ›Kleinen‹ wie beispielsweise Litauen, Portugal, Griechenland oder die Niederlande ebenso wie die ›Großen‹, die USA, Frankreich, Großbritannien oder Deutschland. Jede Nation hat Anspruch auf meine Hilfe und Fürsprache, wenn ein Anliegen für die betreffende Nation sehr wichtig ist und der gemeinsamen Sache nicht schadet. Respekt und Wertschätzung gelten aber ebenso dem individuellen Nationenvertreter im Ausschuss. Auch wenn es einmal hoch hergeht und sich der eine oder andere Vertreter im Wort vergreift – das Prinzip ›Auge um Auge‹ gilt hier nicht. Bei aller Klarheit in der Sache muss mein Umgang mit dem Einzelnen so sein, dass wir zumindest respektvoll miteinander umgehen und außerhalb der Sitzungen gute Kollegen bleiben. Natürlich bin ich keine Maschine und auch kein Übermensch und natürlich verliere ich in verfahrenen Situationen oder dann, wenn sich ein Delegierter stur stellt, auch einmal die Geduld. Dann gehe ich ›off the record‹ und drücke klar meine Enttäuschung und meine Erwartungen aus. Dies wird dann auch akzeptiert und hat durchaus bisweilen eine befreiende und für den Prozess förderliche Wirkung.«

MH: »Wie muss man sich dieses Verhalten in einer Sitzung ganz praktisch vorstellen?
HB: »Einige Beispiele: In den formalen Sitzungen der 28 spreche ich jeden einzelnen Vertreter ausschließlich mit dem Namen seiner Nation an. Also beispielsweise: ›Norway, you have the floor …‹, ›Spain, I understand it is your position that …‹. Damit mache ich deutlich, dass ich in der Person in erster Linie deren Nation anspreche. Das trägt dazu bei, dass auch die Nationenvertreter auf das Formale achten, sich ihrer Verantwortung bewusst werden, überlegen, was sie sagen und in welcher Form. Und auch ich als Chairman werde nicht mit Namen sondern mit meiner Rolle als ›Mister Chairman‹ – oder elegant auf Französisch ›Monsieur le Président‹ – angesprochen.

Die konsequent praktizierte formale Prozedur unterstützt die Versachlichung der Debatte, hält die Delegierten zu diplomatischer Höflichkeit in strittigen Debatten an und hilft auch in Streitsituationen buchstäblich die Form zu wahren. Aber natürlich gibt es unter 28 Nationen auch einmal Spannungen. Vor allem wenn der Abgabezeitpunkt für ein Papier immer näher rückt und noch nicht alle Streitpunkte ausgeräumt sind. Und dennoch, auch unter Druck bleibt es dabei: Als Chairman darf ich keinen Redebeitrag unterdrücken, darf keinem ungebührlich über den Mund fahren, habe die Beiträge zu quittieren und zu honorieren – beispielsweise ›Thank you, Poland, for your valuable contribution … Your suggestion refers to what Canada and others proposed a couple of minutes ago, and I have the impression that this notion has the potential of finding broad support. What about the following …?‹

In einer solchen Situation nehme ich überwiegend eine moderierende Haltung ein. Es kann zudem vorkommen, dass ich als Chairman korrigierend eingreifen muss, wenn eine Einlassung sachlich falsch oder darauf angelegt ist, den Diskussionsprozess zu verzögern. Das gilt ebenso, wenn eine Einlassung wiederholt wird, zwar mit immer neuen Worten, aber konsequent und penetrant nur das Eigeninteresse der jeweiligen Nation im Blick hat, statt etwas Weiterführendes zum Konsens beizutragen. Dann werde ich durchaus sehr deutlich und erinnere alle Beteiligten an ihre Pflichten: ›Kollegen, so kurz vor der Sitzung der Verteidigungsminister haben wir keine Zeit, uns in einem endlosen Streit um Worte zu verlieren. Wir können uns nicht erlauben, hinter das Erreichte zurückzufallen. Sie alle haben die Pflicht, zu einem tragfähigen Kompromiss beizutragen. Es ist dem Ansehen unseres Ausschusses nicht dienlich, wenn wir die Botschafter bitten müssen, die Sache zu übernehmen …‹.

Manchmal ist eine Auszeit und eine Kaffeepause die einzig sinnvolle Entscheidung, um die Gemüter zu beruhigen und die Kontrahenten mit klaren Gedanken wieder an den Tisch bringen. Für mich heißt es dann, mit neuem Elan das Problem und die Ausgangslage

Sitzungen »chairen« ...

wertfrei und sachlich zu beschreiben. Dazu gehört die Erinnerung an den Auftrag und die Hintergründe. Ich bringe den konkreten Streitpunkt offen zur Sprache und stelle ihn in den größeren Zusammenhang. Ich führe aus, was der Ausschuss bisher erreicht hat, lobe deutlich die bisher erbrachten Leistungen der Nationen, zeige also auf, dass das sprichwörtliche Glas Wasser schon mehr als halb voll ist. Dann geht es um die Möglichkeiten, den aktuellen Streitpunkt in den Kontext des Themas einzuordnen und Kompromissvorschläge zu machen. Hier bin ich wieder im Sinne der NATO-Perspektive oder des Gesamtinteresses inhaltlich aktiv.

Ein wichtiger Erfolgsfaktor dabei ist, dass sich eine Nation, auch wenn sie sich mit ihrer Position nicht durchsetzen konnte, doch das Gefühl haben muss, dass sie fair angehört wurde, dass ihre Interessen und Bedenken beachtet und verstanden und im Verlauf der Debatten ernsthaft berücksichtigt wurden. Das heißt konkret, dass ich als Chairman versuche, offen auch die Vorteile der auf den ersten Blick vielleicht ungewöhnlichen Vorschläge der betreffenden Nation herauszuarbeiten und sie mit Blick auf eine Gesamtlösung zur Diskussion stelle. Diese Form der Wertschätzung bei gleichzeitiger inhaltlicher Überparteilichkeit ist von den Nationen erwünscht und wird ausdrücklich honoriert.«

MH: »Über welche Kompetenzen sollte ein guter Chairman verfügen? Was zeichnet ihn aus?«
HB: »Da kann ich natürlich nur über meine Erfahrungen sprechen. Ganz wichtig ist, dass man inhaltlich sehr kompetent ist und über ausreichende Erfahrungen auf seinem Gebiet verfügt. Ein guter Chairman kennt sein Sujet, und zwar bis ins Detail. Konkret heißt das für mich, dass ich die Historie meiner Themen kenne, also weiß, warum und in welchem Zusammenhang sie entstanden sind. Ich kenne die Hintergründe und natürlich den Kontext, in den jede Fragestellung einzuordnen ist. Ich muss mich auf jede Sitzung inhaltlich vorbereiten, die relevanten Dokumente gelesen haben und

die Bezugsdokumente kennen. Zur inhaltlichen Vorbereitung gehört auch, dass wir, meine Mitarbeiterinnen und Mitarbeiter und ich, im Gespräch uns die jeweiligen strategischen Sichtweisen, Prioritäten und vorrangigen Sicherheitsinteressen eines jeden NATO-Mitglieds bewusst machen. Dazu gehört, Geschichte und politische Kultur zu verstehen, um die Positionen und Argumentationen der Nationen in einen größeren Zusammenhang einordnen zu können und dann die Korridore für die Richtung der Verhandlungen oder einen Kompromiss zu identifizieren. Dazu gehört weiterhin, die erwarteten Einlassungen der in dem jeweiligen Thema besonders engagierten Nationen zu antizipieren und Argumente zurechtzulegen, um diesen Einlassungen begegnen oder sie aufnehmen und ›in das große Ganze‹ integrieren zu können. Dies wird von mir dann auch während einer Debatte erwartet, in der ich gleichzeitig einen weiterführenden Vorschlag überlege, einbringe, begründe und in Worte fasse, die in einen vorliegenden Text eingearbeitet werden können.

Anders als in der klassischen Moderation steht bei mir also die inhaltliche Kompetenz an erster Stelle. Sie reicht aber nicht aus, wie ich schon ausgeführt habe. Ein guter Chairman verfügt zusätzlich über Moderationskompetenzen, die es ihm grundsätzlich ermöglichen, Phasen einer Sitzung inhaltsneutral im Sinne der klassischen Moderation zu begleiten und voranzutreiben. Und ein guter Chairman wird gelegentlich Mediator sein müssen. Dass dazu ein gutes Gefühl für die sich entwickelnde Gruppendynamik in einer Sitzung gehört, versteht sich von selbst.«

MH: »Wir haben in diesem Gespräch über Ihre persönlichen Ansichten und Erfahrungen in Sachen ›Chairen‹ gesprochen. Dabei war immer wieder vom ›Chairman‹ die Rede. Nun gibt es aber auch Damen, die dieser Tätigkeit nachgehen. Wie lautet da die korrekte Anrede?«
HB: »Sie haben Recht. Auch in der NATO oder in der Europäischen Union, in der ich einige Jahre tätig war, gibt es viele hochkompetente

Sitzungen »chairen« ...

Frauen, die Sitzungen ›chairen‹. Sprechen wir in der NATO bei einem Mann von ›Chairman‹, der in Diskussionen mit ›Mister Chairman‹ angesprochen wird, so werden Frauen mit ›Madame Chair‹ angesprochen. Es findet sich zunehmend aber der Gebrauch des englischen ›Chair‹ als Bezeichnung für ›Chairman‹, ›Chairperson‹ oder gar ›Chairwoman‹ bei bestehender Anrede von ›Mister Chairman‹ und ›Madame Chair‹.«

MH: »Vielen Dank für dieses Gespräch.«

Konferenzen leiten – der Job für Multitalente

EIN INTERVIEW MIT HENRY FUCHS

Besprechungen leiten, Arbeitsgruppen moderieren, Sitzungen chairen – drei Kompetenzen, die sich ergänzen und geeignet sind, die jeweilige Besprechungsart erfolgreich zum Ziel zu führen. In der Praxis finden sich noch weitere Meetingformate, bei denen Leitung gefragt ist. Die wohl bekannteste ist die Konferenz.

Die klassische Variante einer Konferenz: Einige hundert Menschen versammeln sich in einem Konferenzzentrum und lauschen über ein bis zwei Tage hinweg mehr oder weniger spannenden Vorträgen. Mittlerweile jedoch haben neue Anbieter dieses von vielen als langweilig empfundene Format aufgebrochen und um vielfältige, abwechslungsreiche und für die Teilnehmer gewinnbringende interaktive Formate ergänzt. Aber auch diese modernen Konferenzformen benötigen eine Leitung – und damit jemanden mit besonderen Kompetenzen und einer Menge anspruchsvoller Aufgaben.

MARTIN HARTMANN: »Herr Fuchs, Sie sind einer der Geschäftsführer eines Unternehmens, das auch Business Events, Business Communities und Konferenzen anbietet. Ihr Unternehmen arbeitet und experimentiert dabei mit vielfältigen Formaten, angefangen von klassischen Vorträgen bis hin zu anspruchsvollen interaktiven Begegnungs- und Austauschforen – und diese sowohl ›Face-to-Face‹ als auch elektronisch. In allen Ihren Veranstaltungen findet sich jedoch eine verantwortliche Konferenzleitung, eine Tätigkeit, die auch Sie gelegentlich noch ausüben. Wie muss man sich die Tätigkeit eines solchen Konferenzleiters vorstellen? Was macht sie oder er genau?«

Konferenzen leiten – der Job für Multitalente

HENRY FUCHS: »Vielleicht erst einmal zur Begrifflichkeit: Den Konferenzleiter, um den es in Ihren Fragen geht, nennen wir ›Co-Chair‹. Das ist der Tatsache geschuldet, dass auf unseren Konferenzen meistens eine bekannte, hochrangige Persönlichkeit aus der Branche als Chair agiert und vor allem in den Fragerunden nach einzelnen Fachvorträgen aktiv wird. Und – erlauben Sie mir noch eine zweite Vorbemerkung: In dem Augenblick, in dem unser Co-Chair seine Veranstaltung eröffnet, hat er einen großen Teil seiner Arbeit für diese Konferenz schon hinter sich. Als Experte einer Branche – beispielsweise ›Automotive‹ – hat er schon monatelang die aktuellen und spannendsten Trends, beispielsweise zum ›assistierten Fahren‹ recherchiert, mit ausgewiesenen Fachexperten aus der Industrie oder der Wissenschaft gesprochen, gleichzeitig den Bedarf möglicher Konferenzteilnehmer eruiert und so eine Veranstaltung bestehend aus Vorträgen, aber immer auch aus vielfältigen interaktiven Komponenten konzipiert, für die er sich in sämtlichen Belangen verantwortlich fühlt.«

MH: »Und dann geht es endlich los!«
HF: »Korrekt. Und zwar mit einer Menge an unterschiedlichen Aufgaben. Da ist erst einmal die Eröffnung der Konferenz vor bis zu 1000 Zuhörern. In einer kurzen und prägnanten Präsentation zeigt unser Co-Chair seine Fachkompetenz bezogen auf das Thema der Veranstaltung, stellt sich als das ›Gesicht‹ unseres Unternehmens dar und empfiehlt sich als vertrauensvoller Ansprechpartner für sämtliche großen und kleinen Anliegen von Teilnehmern und Fachgästen.«

MH: »Präsentieren ohne Lampenfieber vor großen und sehr großen Gruppen – damit geht es los.«
HF: »Na, ja: Ein bisschen Lampenfieber ist schon noch da, wenn Sie von über hundert Top-Frauen und -Männern kritisch unter die Lupe genommen werden. Aber viel Zeit zur Reflexion bleibt erst einmal nicht. Unser Co-Chair moderiert zudem die gesamte Veran-

staltung: Redner werden vorgestellt und Fragerunden wollen geleitet werden – für die Fälle, bei denen kein Chair aus der Industrie anwesend ist. Und er führt inhaltlich und methodisch in die interaktiven Workshopformate ein, die er mitentwickelt hat, und sorgt so dafür, dass sie möglichst anregend und ergebnisreich ablaufen.«

MH: »Moderiert er dabei auch kleinere Workshops selbst?«

HF: »Wenn auf einer Konferenz beispielsweise am ersten Tag nachmittags mehrere Kurzworkshops stattfinden, hat unser Co-Chair diese sowohl thematisch als auch methodisch sorgfältig vorbereitet. Zudem hat er die unterschiedlichen Moderatoren – meistens ausgewiesene Fachexperten zum Thema – methodisch eingewiesen. Und, da haben Sie Recht, immer wieder wird er auch selbst in solch einem Kurzworkshop moderierend aktiv, beispielsweise wenn ein geplanter Moderator ausfällt.«

MH: »Und die verbleibende Zeit verbringt er sicherlich nicht mit Müßiggang?«

HF: »Auf keinen Fall: Dadurch dass der Co-Chair auf und hinter der Bühne den gesamte Event inhaltlich und organisatorisch, aber auch unser Unternehmen vertritt, muss er über ein hohes Maß an Networking- und kommunikativen Kompetenzen verfügen. So kommt es beispielsweise häufig vor, dass Kunden direkt den Kontakt suchen, Ideen einbringen, Vorschläge für Verbesserungen haben oder schlicht und einfach sich freuen mit einem Verantwortlichen vom Unternehmen in Kontakt treten zu können.

Ein Co-Chair muss grundsätzlich die nötige Souveränität mitbringen, das Unternehmen und das Produkt, also die gesamte Veranstaltung, überzeugend und glaubhaft zu vertreten. Ach ja: und dies gleichermaßen professionell einem Eventteilnehmer, Hochschulprofessor oder gar Vorstandsmitglied eines Dax-Unternehmens gegenüber. Und dazu aus eigener Erfahrung: Zehn Minuten Small Talk mit einem Vorstandsmitglied können ganz schön herausfordernd sein.«

MH: »Wo wir schon bei Herausforderungen sind: Was sind besonders schwierige und herausfordernde Situationen auf einer Konferenz für den Konferenzleiter?«

HF: »Schwierige Situationen entstehen häufig dann, wenn aus irgendwelchen Gründen die ›Architektur‹ des Events durcheinander gerät. Beispielsweise bei Absagen von Sprechern oder Moderatoren. Diese Situationen sind zwar Daily Business, treten aber meistens erst kurz vor dem Event auf. Sagen Sprecher ab oder kommen unerwartet nicht, muss schnell gehandelt und souverän kommuniziert werden. Vielleicht noch ein besonderes Ereignis: Es war der Ausbruch des Eyjafjallajökull 2010 auf Island – zwei Tage vor unserem Event. Die Hälfte der Sprecher, 20 Prozent der Teilnehmer und einige Sponsoren konnten nicht kommen. Wir wussten zum Teil auf der Veranstaltung überhaupt nicht, wer denn nun kommen würde. Letztlich konnten wir einige Sprecher per Video zuzuschalten. Zusätzlich haben wir Teilnehmer auf dem Event gefragt, ob sie kurzfristig Roundtablesitzungen moderieren würden. Zu jeder Phase dieser Veranstaltung haben wir offen den ›Pegelstand‹ der Ab- und Zusagen kommuniziert. Am Ende hatten alle Teilnehmer Verständnis für die Situation. Mehr noch, sie hatten sich alle ordentlich ins Zeug gelegt und so dazu beigetragen, dass diese Veranstaltung eine der interaktivsten und erfolgreichsten wurde und unserem Co-Chair noch lange im Gedächtnis blieb.«

MH: »Fachliche Kompetenz, was das Thema der Konferenz angeht – wie viel? Wie tief? Wie hilfreich?«

HF: »Wie schon eingangs erwähnt: Unsere Co-Chair sind niemals bloße Organisationsverantwortliche für den reibungslosen Ablauf einer Veranstaltung. Sie haben den Event sorgfältig inhaltlich geplant und konzipiert. Lautet das Thema beispielsweise ›assistiertes oder autonomes Fahren‹ so können sie mit sämtlichen Anwesenden über Trends und Entwicklungen auf Augenhöhe kommunizieren. Sie müssen gar nicht selbst aus der Branche kommen, müssen auch keine Experten für Detailprobleme sein – dazu sind die Referenten da. Sie müssen aber ein ›Händchen‹ für die – auch fachlichen – Wünsche und Bedürfnisse möglichst aller Anwesenden haben. Letztlich sind sie diejenigen, die auf der Konferenz Menschen mit anderen Menschen zusammenbringen, und zwar in einer Weise, die für sämtliche Beteiligten von Nutzen ist. Und diesen Nutzen können unsere Co-Chairs überzeugend kommunizieren.

Diese Form der fachlichen Kompetenz beeinflusst die Wahrnehmung unseres Unternehmens durch die Kunden. Partner, Sponsoren, Referenten und Teilnehmer erfassen sehr schnell, ob ein Veranstalter lediglich die Infrastruktur, sprich das Hotel, Essen, Licht und so weiter stellt oder ob der Veranstalter das Thema, das alle interessiert, verstanden und als nutzbringenden Event aufbereitet hat. Und – da agiert der Co-Chair auch langfristig: In allen Gesprächen sondiert er stets Bedürfnisse und Themen für die Weiterentwicklung seines Produkts.«

MH: »Ein Co-Chair beschäftigt sich also auch mit der Weiter- und Neuentwicklung von Konferenzformaten. Was bedeutet das genau?«

HF: »Ein Co-Chair hat neben der Betreuung des Events die Aufgabe, vor Ort mit allen relevanten Kunden und Partnern, aber auch Sprechern und Moderatoren über die Weiterentwicklung des Events oder gar einer Eventserie zu sprechen. Im Fokus steht dabei die zukünftige inhaltliche Ausrichtung, die Weiter- und Neuentwicklung von Formaten und natürlich die Optimierung des Veranstaltungsnutzens durch ein 360°-Feedback aller Anwesenden. Dass ein guter Co-Chair dabei auch die Anbahnung und Weiterentwicklung strategischer Partnerschaften mit wichtigen ›Playern‹ der Branche oder des Themenbereichs im Auge hat, versteht sich von selbst.«

MH: »Sprechen wir über methodische Kompetenzen: Ein guter Co-Chair kann vieles?«

HF: »Wir haben es sicherlich mit Multitalenten auf hohem professionellen Niveau zu tun. Vor allem muss er seine Kompetenzen situationsangemessen schnell parat haben. Dazu gehören Leitungs- und Moderationskompetenzen. Gerade das Moderieren von Sessions, Streams oder eines ganzen Events vor einer Gruppe mit über 1 000 Teilnehmern benötigt sicherlich einiges an Training, ist aber wichtig für den Erfolg einer derartigen Veranstaltung. Weiterhin sollte ein Co-Chair das Einmaleins des Präsentierens beherrschen – mündlich wie auch in der schriftlichen Variante. Um den Beteiligten beispielsweise neuartige Formate erklären zu können, sollte man in der Lage sein, diese auch visuell entsprechend aufzubereiten und darzustellen.

Wenn ich an Kommunikationsfähigkeiten denke, fällt mir sofort das Stichwort ›Persönlichkeit‹ ein. Ein seriöser, souveräner, in sich ruhender, aber immer auch zuvorkommender Auftritt ist sicherlich von Vorteil, wenn man mit absoluten Top-Leuten, wie beispielsweise diversen Vorständen oder eben mit Wissenschaftlern mit Weltruf auf einer Bühne steht. Ich persönlich habe die Erfahrung gemacht, dass dabei Showallüren nicht helfen. Hier hilft vor allem Authentizität.

Und noch eine Kompetenz möchte ich erwähnen: Nennen wir sie ›ein gutes Händchen haben im Umgang mit den großen und kleinen Katastrophen‹, die auftreten können, wenn viele Menschen mit hohen Erwartungen und Ansprüchen zwei Tage lang auf überschaubarem Raum miteinander agieren.«

MH: »In einem klassischen Meeting – denken wir nur an die Montagsbesprechung mit Leitung und einigen wenigen Teammitgliedern – darf immer etwas schiefgehen. Anders bei einer Konferenz. Und dennoch: Der Teufel ist ein Eichhörnchen! Was waren denn Ihre ganz persönlichen Katastrophenerlebnisse und wie sind Sie damit umgegangen?«

HF: »Zwei Geschichten, an die ich mich noch gut erinnere: Geplant war der erste Vortrag einer Veranstaltung durch einen mit Spannung erwarteten Geschäftsführer eines weltweit agierenden Beratungsunternehmens. Noch vor dem ersten Satz stolpert unser Redner unglücklich und nimmt dabei den stationären Beamer mit, der danach nicht mehr zu benutzen war. Ein Albtraum, wenn man bedenkt, dass die Veranstaltung gerade erst angefangen hat. Ich konnte dem Herren aufhelfen und dabei – ihm war zum Glück nichts geschehen – mit ihm abklären, dass er eine für den zweiten Tag geplante Liveumfrage vorzieht, bis ein neuer Beamer einsatzbereit sei. Soweit so gut.

Kaum war ich aus dem Vortragssaal raus, hat der extern eingekaufte Techniker mit einem Kollegen telefoniert und relativ drastisch unseren Vortragenden als Trottel deklariert, was dieser wiederum in Ansätzen mitbekommen hatte. Was tun? Da half nur, die volle Verantwortung zu übernehmen und sich überzeugend zu entschuldigen. Natürlich gab es auch eine kleine Wiedergutmachung, die genauso wichtig wie das ›Die-kümmern-sich-um-mich-Gefühl‹ ist. Das ist manchmal gar nicht so leicht.

Auch der zweite Fall war sehr heikel: Ein Vorstandsmitglied eines sehr großen Unternehmens, der zwar sein punktgenaues Erscheinen telefonisch angekündigt hatte, dann allerdings ohne Warnung mit einem extrem hohen Promillewert auf dem Podium ›stand‹ und losredete. Wir waren wie vor den Kopf geschlagen. Was dann kam, war nur noch peinlich: Die Ausführungen passten nicht zu den Charts, das gesamte Auftreten führte zu verwunderten Blicken, hämischem Getuschel und peinlichem Räuspern im Publikum. Wir haben dann mutig einen passenden Moment abgewartet, die Präsentation ausgeschaltet und mit Hinweisen auf die fortgeschrittene Zeit eine wertschätzende Abmoderation vorgenommen und den nächsten Redner auf die Bühne gebeten. Dieser, alle weiteren Redner und die vielen interaktiven Sessions haben den unangenehmen Start in diese Veranstaltung vergessen gemacht. Schwierig war für mich das folgende Gespräch mit dem Vorstand im Laufe des Tages. Wir haben konsequent vermieden, über das Malheur zu sprechen.«

MH: »Vielen Dank für dieses Interview.«

Hört denn noch jemand zu? – Telefonmeetings

> Mehrere Personen sind über Telefon miteinander verbunden. Auch wenn sich niemand direkt in die Augen sieht, kann so eine Telefonbesprechung erfolgreich funktionieren, wenn sie entsprechend vorbereitet und ihr Verlauf situationsangemessen geleitet wird. 15 Tipps, was Leiterin und Teilnehmer beachten sollten.

Technisch lassen sich Telefonmeetings mit bis zu Hunderten von Teilnehmern durchführen. Es muss dann auch nicht das Telefon oder das Smartphone sein, ebenso können mehrere mit Mikrofonen bestückte Räume für eine Audiokonferenz dienen. Überschaubar und gerade noch zu leiten ist die Kommunikation per Telefon mit maximal zehn Teilnehmern. Optimal sind Audiokonferenzen mit drei bis fünf Beteiligten.

Telefonbesprechungen bieten sich immer dann an, wenn Teilnehmer aus verschiedenen Orten kurzfristig etwas miteinander absprechen, klären oder vereinbaren sollen, beispielsweise in Krisensituationen unter Zeitdruck. Eine Verbindung zu allen ist schnell geschaltet, und die wichtigen Leute können sich fast ohne Zeitverlust abstimmen.

Unbestritten ist, dass Telefonbesprechungen sehr kostengünstig ausfallen. Der technische Aufwand ist geringer als bei Videokonferenzen und die eingesparten Reisekosten und -zeiten weit entfernt lebender Teilnehmer können sich sehen lassen.

Allerdings gehen die Meinungen über die Leistungsfähigkeit dieser Besprechungsform im Vergleich zum klassischen Treffen in einem Raum auseinander: Skeptische Stimmen führen beispielsweise Folgendes ins Feld:

- Die »ganzheitliche« Kommunikation sei erheblich eingeschränkt. So ist in emotionalen Diskussionen häufig an körpersprachlichen Signalen zu erkennen, ob und wann sich eine Wende in der Haltung des Gegenübers abzeichnet, wann Entspannung trotz harscher Worte, »Gefahr im Verzug« oder trotz netter Floskeln in Sicht ist. Körpersprachliche Signale fehlen in einem Telefonmeeting.
- Telefonbesprechungen mit mehreren Teilnehmern lassen nur schwer leiten, da die sichtbaren Wortmeldungen, Handzeichen, Nicken, eindeutiges Mienenspiel wegfallen. Häufig kommen nur die Schnellen zu Wort, während die anderen schweigen. Da nicht sichtbar ist, wie es den Schweigenden geht und was sie gerade treiben – vom Mitschreiben am Laptop bis zum Surfen im Netz –, kann die Besprechungsleitung nur bedingt ein Gefühl für das Gesamtstimmungsbild in der Gruppe entwickeln.
- Telefonbesprechungen mit mehr als zehn Teilnehmern werden gänzlich unübersichtlich, eine Gruppengröße, die sich dagegen in einer Face-to-Face-Besprechung noch gut bewältigen lässt.

Die Befürworter von Telefonbesprechungen meinen jedoch, die hier aufgeführten Schwierigkeiten mit guter Vorbereitung und etwas Disziplin in den Griff bekommen zu können.

In der Praxis hat sich gezeigt, dass Telefonmeetings dann für alle Anwesenden zufriedenstellend verlaufen, wenn

- das zu behandelnde Thema nicht allzu komplex ist,
- das zu behandelnde Thema wenig kontroverse Diskussionen und Konflikte erwarten lässt,
- die Teilnehmer des Telefonmeetings sich gut kennen,
- die Beziehungsebene zwischen den Teilnehmern unproblematisch ist,
- die Teilnehmer am Telefonmeeting direkt etwas zum Thema beisteuern können und dies auch wollen,

- das zu behandelnde Thema auch ohne Visualisierungen zu begreifen und zu diskutieren ist,
- die Zahl der Teilnehmer an einem Telefonmeeting fünf Personen nicht überschreitet,
- die Leitung mit den Besonderheiten eines Telefonmeetings vertraut ist und entsprechend professionell die Runde steuert.

Unberührt von diesen Erfahrungen bleibt, dass sich Telefonmeetings auf jeden Fall anbieten, wenn weit entfernt arbeitende Personen kurzfristig miteinander ins Gespräch kommen müssen.

15 TIPPS: PLANUNG UND DURCHFÜHRUNG EINES TELEFONMEETINGS

TIPP 1: TECHNIK: Die Technik muss funktionieren. Wichtig ist, dass jeder jeden optimal verstehen kann, auch über Tausende von Kilometern entfernt. Professionelle große und kleine Anbieter bieten einen Vollservice, der auf die technische und organisatorische Infrastruktur der Auftraggeber abgestimmt werden kann.

TIPP 2: PLANUNG: Die Planung des Telefonmeetings erfolgt wie bei einer herkömmlichen Besprechung: Das Ziel muss sorgfältig ausformuliert sein, eine Agenda mit konkreten Zeitvorstellungen sollte vorbereitet sein.

TIPP 3: ZEITPUNKT: Für den Fall, dass an einer Telefonbesprechung Vertreter aus den Büros in Sydney, New York und Bonn teilnehmen sollen, ist es wichtig, den Zeitpunkt genau zu bestimmen. Während die einen schon arbeiten, sind die anderen noch nicht aufgestanden (und werden dies vielleicht erst sehr spät tun, da sie einen Feiertag vor sich haben) oder liegen wieder andere schon in den Federn. Also: auf die individuellen Zeiten achten!

TIPP 4: BESPRECHUNGSABLAUF JE TOP: Noch klarer als bei der herkömmlichen Besprechung sollte der Besprechungsablauf jedes Tagesordnungspunktes überlegt werden. Da bestimmte Arbeitsverfahren, wie eine Ideensammlung mit Karten am Telefon nicht möglich sind, stellt sich die Frage, wie bei einem bestimmten Punkt vorzugehen ist. Beispielsweise stellt die Leiterin zu Beginn eines TOP Thema und Ziel vor. Dann lässt sie Verständnisfragen zu und bittet im Anschluss daran jeden der Reihe nach um eine kleine Stellungnahme zur Ausgangsfrage. Dieser folgt eine Diskussion mit wechselnder Teilnahme.

Zwischendurch fasst die Leiterin immer wieder den Stand der Argumentation mit eigenen Worten zusammen. Gelegentlich bittet sie die Anwesenden um ein kurzes Meinungsbild zu wichtigen Fragen oder Thesen. Die Runde kann abgeschlossen werden, indem die Leiterin wieder um eine persönliche Stellungnahme aller Anwesenden zum erarbeiteten Ergebnis bittet.

TIPP 5: VORABMATERIAL: Wenn es wichtiges Vorabmaterial gibt, muss dies allen Teilnehmern vor der Sitzung in der aktuellen Fassung vorliegen. Nur zu leicht geschieht es, dass die Anwesenden in der Zentrale eines Unternehmens die Papiere erhalten haben, die beiden Vertriebsmitarbeiter in Havanna und Adelaide aber mal wieder vergessen wurden.

TIPP 6: SCHRIFTLICHES MATERIAL: Das schriftliche Material für die Telefonbesprechung sollte so gestaltet sein, dass sich jeder allein durch mündliche Hinweise sofort zurechtfindet und gezielt bestimmte Sätze, Stichwörter, Bilder oder Grafiken findet. Das bedeutet: viele nummerierte Abschnitte, Seitenzahlen, Grafiken, Tabellen und Bilder verwenden.

TIPP 7: FOTOS DER TEILNEHMER: Es kann die Kommunikation in Telefonbesprechungen erleichtern, wenn Personen, die sich bisher noch nicht kannten, Fotos der jeweils anderen Teilnehmer haben. Eine solche Maßnahme empfehlen wir für sehr wichtige Besprechungen sowie für die ersten Besprechungen eines Teams, das häufiger zusammen am Telefon konferieren wird und auf absehbare Zeit leider keine Gelegenheit hat, einmal an einem Ort zusammenzukommen.

TIPP 8: VORSTELLUNGSRUNDE: Zu Beginn einer Telefonbesprechung sollte die Leiterin um eine Vorstellungsrunde bitten. Jeder Anwesende sollte seinen Namen nennen und je nach Zeitansatz und Bekanntheitsgrad etwas zur Person oder Tätigkeit sagen. Anders als bei herkömmlichen Besprechungen, bei denen die Vorstellungsrunde entsprechend der Sitzanordnung erfolgt, sollte die Leiterin des Telefonmeetings die einzelnen Teilnehmer namentlich aufrufen und bitten, sich kurz vorzustellen.

TIPP 9: LISTE MIT NAMEN: Vor allem, wenn nicht alle Teilnehmer der Telefonbesprechung bekannt sind, sollte die Leiterin – wie auch die anderen Anwesenden – eine Liste mit Namen vor sich liegen haben. Diese kann mit der Einladung und dem Vorabmaterial zugeschickt werden.

TIPP 10: ZWISCHENDURCH AKTIVIEREN: Wenn die Leiterin der Telefonbesprechung ein Interesse daran hat, dass sämtliche Teilnehmer die Diskussion aufmerksam verfolgen, kann sie immer wieder aktivierend eingreifen: Sie kann beispielsweise alle Anwesenden bitten, der Reihe nach ihre Meinung zu einer bestimmten Frage zu äußern, oder sie kann schon in einer frühen Phase der Konferenz am Telefon gezielt die Schweigsamen ansprechen: »Wir haben jetzt ausführlich die Ansichten der Abteilung Forschung und Entwicklung gehört. Jetzt mal zur Qualitätsprüfung, Herr ... wie stehen Sie zu der Idee von ...?«

TIPP 11: AUSSPRACHE: Teilnehmer an Telefonbesprechungen sollten langsam und deutlich sprechen. Dies gilt besonders für den Anfang eines Redebeitrags. Wenn plötzlich eine neue Stimme in die Diskussion eingreift, brauchen die Zuhörer einige Augenblicke, um sich auf diese Stimme einzustellen. Ausländische Kolleginnen und Kollegen benötigen häufig noch einen Augenblick mehr. Schnelles Sprechen führt dazu, dass die ersten Worte nicht von allen gleich verstanden werden. Auch ein zu starker Dialekt sollte vermieden werden.

TIPP 12: BEITRÄGE MIT NAMEN VERBINDEN: In den Fällen, in denen mehr als fünf Teilnehmer an der Telefonbesprechung teilnehmen und sich die Anwesenden gerade von den Stimmen her nicht gut oder gar nicht kennen, sollten die einzelnen Beiträge auch im Verlauf der Sitzung mit einem Namenseinstieg beginnen: »Mein Name ist Carlotta, ich arbeite seit vier Wochen im Berliner Büro und möchte fragen, ...« Oder: »Clara-Maria hier, Ihr kennt meine Meinung bereits, als Projektverantwortliche in Bochum schlage ich vor, dass ...« Oder: »Gabriel aus Traunstein, ich unterrichte Mathe und Religion, ich werde eure Vorschläge in der nächsten Woche im Bildungsministerium vorstellen, wie stellt ihr euch denn vor, dass ...?«

TIPP 13: ZUHÖREN: Wenn schon das sorgfältige Zuhören in einer normalen Besprechung zentral für die Kommunikation ist, dann ist das aufmerksame Zuhören während des Meinungsaustausches über das Telefon unerlässlich. Man braucht von jemandem, der einem persönlich gegenüber sitzt, nicht sämtliche Worte aufzunehmen, um doch den Sinn des Gesagten zu verstehen. Als Zusatzquelle unterstützen Körpersprache, Mimik, Atmosphäre im Raum sowie die Reaktionen der anderen Anwesenden das Verstehen. Dies alles fehlt überwiegend am Telefon. Daher gilt: Ohren spitzen und hart am Ball bleiben. Auch dadurch wird eine Telefonbesprechung zu einer ziemlich anstrengenden Angelegenheit.

TIPP 14: NOTIZEN: Die Beteiligung an einem Telefonmeeting wird erleichtert, indem sich jeder beim Zuhören Notizen auf einem Blatt

Hört denn noch jemand zu? – Telefonmeetings

macht. Hilfreich können Methoden wie das Mindmapping sein, mit dem man versucht, die Struktur des gesamten Gesprächs mit knappen Stichworten und ordnenden Strichen, Pfeilen und Symbolen zu erfassen. So kann man auch im späteren Verlauf der Diskussion noch den Überblick behalten und sich mit Bezug auf die bisher vorgebrachten Argumente aktiv beteiligen.

TIPP 15: AUFPASSEN: Zum Schluss noch ein »lebensrettender« Tipp: In manchen Konferenzräumen mit Mikrofonen lassen sich diese per Knopfdruck ausschalten. Dann werden die eigenen Wortbeiträge nicht mehr übertragen. Dies führt immer wieder dazu, dass Besprechungsteilnehmer im guten Glauben, nicht gehört zu werden, Kommentare abgeben, die sie in der großen Runde nicht gesagt hätten. Hier ein paar eher harmlose Beispiele: »Viel zu günstig, dieses Angebot.«, »… wenn jetzt noch die Rechtschreibung stimmen würde …!«, »Typisch Chef, nicht vorbereitet, aber alles besser wissen wollen.«

Alles schön und gut, nur: Die Technik funktioniert nicht immer und so mancher Teilnehmer drückt den falschen Knopf und wundert sich dann, dass seine Bemerkung von allen deutlich gehört wurde. Zwingen Sie sich zur absoluten Gesprächsdisziplin, keine Nebenbemerkungen, keine Witze, unbedachten Kommentare, also nichts, was nicht von allen gehört werden kann und soll.

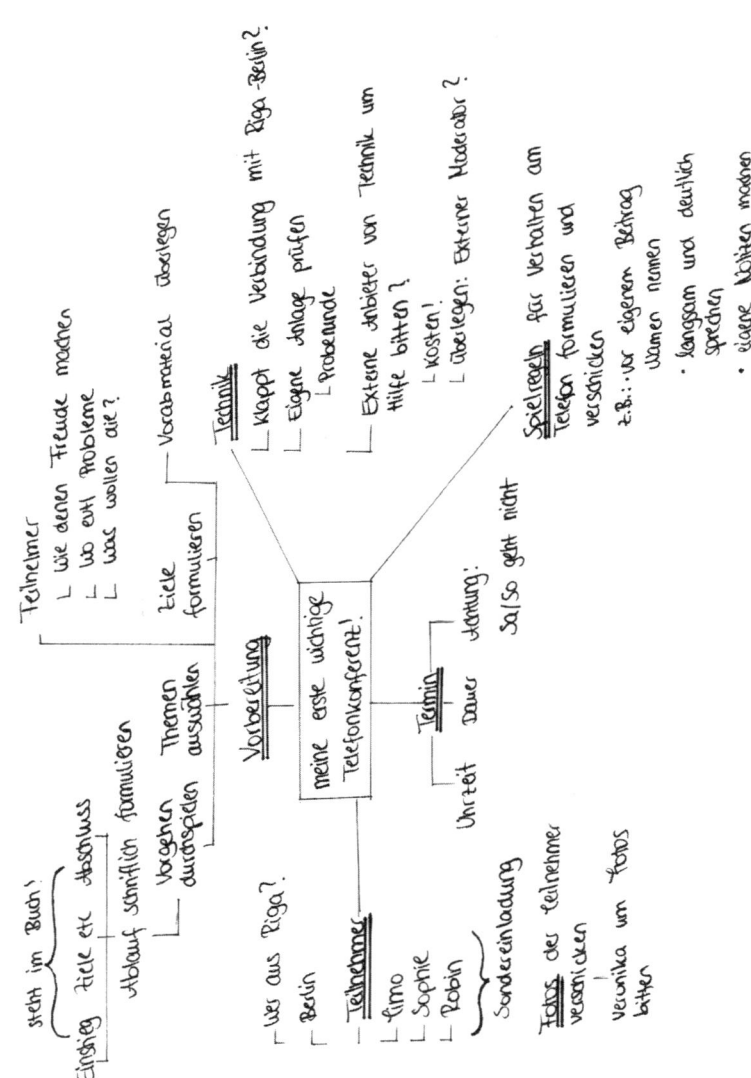

Bitte alle mal lächeln! – Videokonferenzen

> Was kann man sich unter »Videokonferenz« mittlerweile so alles vorstellen? Und was ist bei der Planung und Durchführung einer solchen Besprechung besonders zu beachten? Tipps für alle Beteiligten.

Zum Verständnis: Bei einer Videokonferenz oder Videobesprechung werden über Technik Ton und Bild zwischen räumlich getrennten Gesprächspartnern übermittelt.

WIE KANN DAS AUSSEHEN?

VARIANTE 1: In zwei weit voneinander entfernten Besprechungsräumen sitzen die Teilnehmer vor großen Flachbildschirmen, die an der Wand befestigt sind. Im Raum verteilt sind Kameras und Mikrofone, je nach Stand der Technik mehr oder weniger auffällig. Optimal wären zwei Kameras und zwei Bildschirme, jeweils für den Gesamtüberblick über den Raum und für Großaufnahmen der jeweiligen Redner, sodass deren Mimik gut zu erkennen ist.

VARIANTE 2: Jeder Besprechungsteilnehmer sitzt allein in seinem Zimmer an seinem Laptop mit Kamera und Mikrofon. Auf dem Bildschirm sieht er sein Gegenüber, viele Kilometer entfernt. Kommt jemand zu diesem Zweiergespräch hinzu, wird der Bildschirm geteilt, gedrittelt oder geviertelt. Irgendwo bleibt noch eine kleine Fläche frei für Charts, über die gerade diskutiert werden soll.

VARIANTE 3: Wie Variante 2 mit dem Unterschied, dass die Besprechungsteilnehmer ihre persönliche Videokonferenztechnik in Form des kleinen Smart-Begleiters vor Augen haben. Noch etwas: Die liebe Kollegin in Haifa sitzt am Swimmingpool, die in Windhuk in einem Straßencafé und die armen Kollegen aus Riga, Berlin und Bonn hocken in ihren Büros, weil es draußen fürchterlich regnet. Auch diese Variante ist weiter ausbaubar.

Während die Variante 1 versucht, die normale Face-to-Face-Besprechung mit mehreren Teilnehmern in einem Raum soweit wie möglich zu simulieren, stellen die beiden anderen Varianten eine eigenständige Kommunikationsform dar. Diese sind vergleichbar mit einem Telefonmeeting zwischen einzelnen getrennt agierenden Personen – nur dass jetzt noch die Bildübertragung hinzukommt. Je nach technischer Ausstattung bestehen zudem vielfältige Zugriffsmöglichkeiten auf Daten auf dem eigenen Laptop, einem Intranet oder dem Internet.

Allen Varianten ist gemeinsam: Die Teilnehmer sitzen in unterschiedlichen Räumlichkeiten und sind über Bild und Ton miteinander verbunden.

BEI DER PLANUNG UND DURCHFÜHRUNG EINER VIDEOKONFERENZ BEACHTEN

TECHNIK: Welche Technik auch immer mit im Spiel ist, die Besprechungsleiterin sollte sie perfekt beherrschen und mit ihren verschiedenen Möglichkeiten vertraut sein. Gleichzeitig sollte die Leiterin den Anwesenden, die noch nicht an derartigen Sitzungen teilgenommen haben, helfen, sicher mit der Technik umzugehen. Und wem das alles zu umständlich und aufwendig ist: Professionelle Anbieter von Videokonferenzsystemen bieten eine Teil- oder auch Rundumbetreuung in Sachen Raumgestaltung, Technik, Organisation und Durchführung bis hin zur Vermittlung von Moderatoren und Konferenzleitern.

VORBEREITUNG DER VIDEOBESPRECHUNG: Die Vorbereitung der Videobesprechung – völlig unabhängig von der technischen Ausstattung – erfolgt in der gleichen Weise wie bei einer Face-to-Face-Besprechung: Ziele müssen formuliert, Abläufe geplant, Arbeitsschritte festgelegt werden. In der Einladung sollten die Teilnehmer aufgeführt und ein Zeitplan für die einzelnen Tagesordnungspunkte angegeben werden.

ARBEITSVERFAHREN: Wie auch beim Telefonmeeting sollte in der Videobesprechung genau überlegt werden, wie sich die einzelnen TOP abarbeiten lassen. Auch in einer Besprechung mit Videokontakt können einerseits bestimmte Arbeitsverfahren nur beschränkt eingesetzt werden. Andererseits lassen sich in Verbindung mit dem PC wiederum altbekannte und bewährte Verfahren auf neuartige Weise durchführen, wie beispielsweise die Ideensammlung oder das Brainstorming. Statt auf Karten wird jetzt direkt in den Laptop geschrieben.

VORABMATERIAL: Wenn es wichtige Unterlagen gibt, die die Teilnehmer vorab benötigen, dann müssen diese allen Teilnehmern vor der Sitzung in der aktuellen Fassung vorliegen. Nur allzu leicht geschieht es, dass die Anwesenden in der Zentrale eines Unternehmens die allerneueste Fassung schon seit einem Tag einsehen konnten, die Teilnehmer in der Niederlassung sich jedoch noch mit der Fassung des vorletzten Tages auf die Sitzung vorbereitet haben und erst wenige Minuten vor Beginn die aktuellen Dokumente zugeschickt bekommen, zu spät um sich noch eigene vorbereitende Gedanken zu machen.

SCHRIFTLICHES MATERIAL: Auch in einer Videobesprechung ist es hilfreich, das schriftliche Material so zu gestalten, dass sich jeder allein durch mündliche Hinweise sofort zurechtfindet und gezielt bestimmte Seiten, Absätze, Sätze, Stichwörter oder Grafiken findet. Daher sind gut strukturierte Unterlagen unerlässlich.

DURCHFÜHRUNG: Bei der Durchführung einer Videokonferenz gilt es für die Leitung, einige zusätzliche Besonderheiten zu berücksichtigen:

- Bevor es überhaupt losgeht, sollte die Leiterin auf ihrem Rechner **alle nicht benötigten Programme schließen** – auf jeden Fall Outlook und alle weiteren Messenger-Dienste! Ansonsten läuft sie Gefahr, dass womöglich vertrauliche Informationen oder E-Mails allen Teilnehmern offenbart werden.
- Eine übertragungstechnisch bedingte Einschränkung bei Videokonferenzen ist der **fehlende Raumklang**. Man kann also als Zuschauer vor dem Monitor nicht ausmachen, von wem im Raum der mündliche Beitrag gerade kommt. Sämtliche Stimmen und Geräusche werden über ein Lautsprechersystem übertragen. Auch eine Stereowiedergabe schafft nur wenig Abhilfe. Daher ist es sinnvoll, wenn die Leiterin zu Beginn der Sitzung eine Vorstellungsrunde anregt, in der sich der Reihe nach alle vorstellen und ein erstes Gefühl entwickeln können, welche Stimme zu welchem Gesicht gehört.
- Aufgrund von **Übertragungsverzögerungen** können zeitversetzte oder auch parallele Gesprächsbeiträge entstehen. Hier hilft es, wenn die Leiterin aktiv die einzelnen Teilnehmer mit Namen anspricht, sodass auch über die Monitore schnell ersichtlich wird, wer gerade mit wem im Gespräch ist.
- Findet eine **Videokonferenz in zwei Räumen** statt, findet häufig eine eigenartig einseitige Kommunikation statt. Es fällt auf, dass sich die Anwesenden eines Raumes überwiegend auf die Gesprächsteilnehmer konzentrieren, die sie über die Monitore wahrnehmen. Die Kommunikation zielt etwas häufiger an die Besprechungsteilnehmer im anderen Raum als an die Teilnehmer, die rechts und links im gleichen Zimmer sitzen und selbst überwiegend mit dem Blick auf den Monitor beschäftigt sind. Die Leiterin sollte also immer wieder versuchen, die Diskussion

zwischen allen Beteiligten anzuregen, auch zwischen denen, die sich im selben Raum befinden. Das kann durch zielgerichtete Fragen erfolgen oder durch das Abfragen eines Meinungsbildes, bei dem sich der Reihe nach alle Teilnehmer zur Fragestellung äußern.

- Wie in jeder anderen Besprechung ist es die Aufgabe der Leiterin, während der Debatte auf den **roten Faden** zu achten und »gesprächsorganisatorische« Hinweise zu geben. Sie fasst Gesagtes zusammen und treibt die Diskussion in Richtung Ziel voran. Diese Aufgabe ist in Videokonferenzen noch stärker gefordert als in Face-to-Face-Besprechungen. Erfahrungen aus Videokonferenzen zeigen, dass die Teilnehmer sehr stark mit dem Verstehen der unterschiedlichen Äußerungen beschäftigt sind, vor allem, wenn die technische Übertragungsqualität zu wünschen übrig lässt. Die Teilnehmer achten überwiegend auf die Inhalte und den Ton der Äußerungen, weniger darauf, wie zielführend das Gesagte ist. Gefördert wird diese Ausrichtung der Einzelnen auch durch das Phänomen, dass in Videokonferenzen mehr und schneller hintereinander geredet wird als in anderen Besprechungen. Vielleicht liegt das daran, dass in derartigen Veranstaltungen eine Vielfalt an Signalen nicht gesendet werden können, die in Besprechungen in einem einzigen Raum für Denk- und Sprechpausen sorgen. Wie auch immer, unsere Empfehlung besteht darin, das Ohr für den Ablauf der Diskussion besonders offen zu halten und rechtzeitig zu intervenieren. Das kann auch bedeuten, gelegentlich darum zu bitten, das Sprechtempo zu senken, vor allem wenn die Teilnehmer mit unterschiedlichen Muttersprachen unterwegs sind.
- Sollte an irgendeiner Stelle ungeplante **Situationskomik** ausbrechen, ist spontane Aufklärungsarbeit gefordert. Die Leiterin sollte für alle Teilnehmer an allen Orten transparent machen, was die Kollegen so amüsiert hat.

TEILNEHMER AN VIDEOKONFERENZEN sollten Folgendes berücksichtigen:

- Ähnlich wie in Telefonbesprechungen brauchen die Zuhörer einen kurzen **Augenblick der Orientierung**, um eindeutig ausmachen zu können, wer Absender einer gerade empfangenen Nachricht ist. Der Lautsprecher teilt nicht mit, aus welcher Ecke das Gesagte kommt, und das Bild auf dem Monitor ist zu klein, um alle die Signale zu vermitteln, die in einem gemeinsamen Raum erkennen lassen, wer gleich mit seiner Rede beginnt. Daher gilt auch hier für die Teilnehmer: klare Sprache, langsam und deutlich.
- **Seitengespräche** stören in Videokonferenzen besonders, weil sie zeitgleich mit den offiziellen Äußerungen über denselben Audiokanal des Monitors übermittelt werden. Das gibt Konkurrenz und behindert das gezielte Zuhören. Daher sollte die Leiterin eindringlich dafür werben, dass auf Seitengespräche verzichtet wird, vor allem dann, wenn es technisch nicht möglich ist, die gerade nicht aktiven Mikrofone auf »aus« zu stellen. Und für den Fall, dass Mikrofone ausgestellt werden können: Wie auch in Telefonmeetings empfehlen wir absolute Gesprächsdisziplin auch im »Off«. Keine flapsigen Kommentare, unbedachten Gefühlsausbrüche. Sie können nie sicher sein, ob Sie nicht doch auf Sendung sind.
- Mit Vorsicht sind auch alle Formen der **Nahrungs- und Getränkeaufnahme** zu genießen. Schenken Sie sich kein Glas Wasser unter dem Mikrofon ein und vermeiden Sie es, knisterndes Papier von Ihren dreifach verpackten Schokoriegeln zu entfernen. All diese Geräusche kommen auf der anderen Seite an, als würden Sie direkt am Ohr passieren.
- Sollte ein **Protokoll** auf dem Rechner erstellt werden: Bitte möglichst weit vom Mikro entfernt sitzen, damit das Tippgeräusch nur dezent wahrgenommen wird.

Und FOLGENDES ist auch noch WICHTIG:

- Wie auch bei Telefonmeetings gilt: Beachten Sie unterschiedliche **Zeitzonen oder Feiertagsregelungen**, wenn Ihre Teilnehmer richtig weit voneinander entfernt leben.
- Konferieren mehr als zwei oder drei Standorte einer Firma über Videoleitung miteinander, kann ein **Hintergrundplakat** die schnelle Orientierung erleichtern, auf dem mit Schrift oder Symbol der jeweilige Ort dargestellt ist.
- Tipps zum **Verhalten vor der Kamera** für Leiterin und Teilnehmer (wenn es einmal etwas offizieller wird und beispielsweise wichtige Kunden an der Konferenz teilnehmen): Viele Menschen nehmen untypische Gesichtsausdrücke an, wenn sie in eine Kamera schauen. Daher gilt: Blick auf den Monitor – oder natürlich in das Gesicht des Redners im eigenen Raum – und möglichst die Kamera nicht beachten. Allen sei weiterhin empfohlen: Vermeiden Sie hektische Bewegungen, unterlassen Sie das regelmäßige Nasenkratzen oder Haare-aus-dem-Gesicht-Streichen. Bleiben Sie in gleichmäßigem Abstand zur Kamera. Wenn Sie sich häufig nach vorn sehr nahe in Richtung Kamera bewegen, wird diese Bewegung übertrieben abgebildet, sie wirkt bedrohlich. Legen Sie Ihren Stift weg, wenn Sie nicht schreiben. Nervöses Spielen damit sorgt für unangemessene Aufmerksamkeit. Wackeln Sie daher auch nicht mit dem Stuhl. In den Phasen, in denen Sie nichts zur Diskussion beitragen, empfehlen wir eine konzentrierte aufrechte Haltung mit Blick zu den Redenden im eigenen Raum oder zum Monitor: Erkennbares »Abschalten« oder Zurücklehnen wirkt weit unbeteiligter, als dies der Fall wäre, wenn alle mit Ihnen im gleichen Raum wären.
- Und was **das Äußere** angeht: Achten Sie auf unauffällige Farben, kontrastarme Muster. Verzichten Sie möglichst auf schwarze oder weiße Kleidung. Benutzen Sie ein dezentes Make-up und tragen Sie möglichst »geräuscharmen« Schmuck. Tauschen Sie

Ihre Sonnenbrille gegen eine mit nicht so stark getönten Gläsern. Ansonsten kleiden Sie sich so, wie es in Ihrer Organisation in Besprechungen üblich ist und Sie sich wohlfühlen.

- Und zu guter Letzt: Eine **Videobrücke zwischen mehreren Standorten kann zusammenbrechen.** Der kluge Videobesprechungsleiter hat daher sämtliche Telefonnummern der beteiligten Standorte und Teilnehmer in der Einladung verteilt und kann zur Not die Sitzung per Telefon zu einem angemessenen Ende führen.

Teil 10
Hier werden Sie fündig

Kommentierte Literaturhinweise und andere Quellen

ERGÄNZENDES ZU MODERATION, WORKSHOP, MEETINGS

HARTMANN, MARTIN/RIEGER, MICHAEL/FUNK, RÜDIGER: ZIELGERICHTET MODERIEREN. EIN HANDBUCH FÜR FÜHRUNGSKRÄFTE, BERATER UND TRAINER. WEINHEIM UND BASEL, 6. AUFLAGE 2012. In Arbeitssitzungen, Workshops und Teamsitzungen wollen Gruppen, unterstützt durch eine professionelle Moderation, eigenverantwortlich anspruchsvolle Ergebnisse erarbeiten. Inhalte: Besonderheiten und Stärken der Moderationsmethode, Handwerkszeug für den Moderator, Anleitungen für die Vorbereitung und Durchführung einer Moderation, Aufbau und Ablauf, die speziellen Moderationstechniken, Beispiele aus der Praxis.

LIPP, ULRICH/WILL, HERMANN: DAS GROSSE WORKSHOP-BUCH. KONZEPTION, INSZENIERUNG UND MODERATION VON KLAUSUREN, BESPRECHUNGEN UND SEMINAREN. WEINHEIM UND BASEL, 8. AUFLAGE 2008. Für alle geschrieben, die es mit kleineren und größeren Workshops zu tun haben. Das Buch ist voller Ideen, Tipps und Anregungen für die Planung, Organisation, Vorbereitung, Durchführung und Nachbereitung von Workshops. Ein Werkzeugkasten voller Workshop-Techniken.

FREIMUTH, JOACHIM/BARTH, THOMAS (HRSG.): HANDBUCH MODERATION. KONZEPTE, ANWENDUNGEN UND ENTWICKLUNGEN. GÖTTINGEN 2014. In diesem Buch berichten Moderationsprofis über Ursprünge, erste Anwendungen und Erfahrungen, Widerstände und Probleme der Moderationsmethode. Sie geben darüber hinaus einen Überblick über aktuelle Anwendungen in verschiedenen Themenfeldern sowie über Perspektiven und künftige Entwicklungen.

Kommentierte Literaturhinweise und andere Quellen

LAUFER, HARTMUT: SPRINT-MEETINGS STATT MARATHON-SITZUNGEN. OFFENBACH 2009. Zusätzliche Ideen zu Besprechungen als Problemlösungsprozesse oder zum zügigen Entscheiden in Besprechungen.

BOHINC, THOMAS: TELEFONKONFERENZEN ERFOLGREICH FÜHREN. VORBEREITUNG – DURCHFÜHRUNG – NACHBEREITUNG. WIEN 2012. Umfangreiche Anregungen für alle, die sich tiefer in das Thema einarbeiten wollen mit ergänzenden Tipps zu Videokonferenz und Web-Konferenzen.

ORGANISATIONSENTWICKLUNG – ZEITSCHRIFT FÜR UNTERNEHMENSENTWICKLUNG UND CHANGE MANAGEMENT: ZUSAMMEN DENKEN. HEFT 4/2016. »Sitzungszeit ist Lebenszeit«: Ein Heft mit vielen spannenden Beiträgen, zum Beispiel zur achtsamen Kommunikation in Sitzungen.

VISUALISIEREN IN MEETINGS

Gleich mehrere Publikationen geben vielfältige Tipps und Tricks, wie bei Präsentationen, aber auch in Meetings schnell und überzeugend visualisiert werden kann, um komplexe Inhalte für alle Beteiligten anschaulich darstellen zu können:

- ROAM, DAN: AUF DER SERVIETTE ERKLÄRT. MIT EIN PAAR STRICHEN SCHNELL ÜBERZEUGEN STATT LANGE PRÄSENTIEREN. MÜNCHEN 2009.
- ROAM, DAN: AUF DER SERVIETTE ERKLÄRT. ARBEITSBUCH. MÜNCHEN 2010.
- WEIDENMANN, BERND: 100 TIPPS & TRICKS FÜR PINNWAND UND FLIPCHART. WEINHEIM UND BASEL, 5. AUFLAGE 2015.
- HAUSSMANN, MARTIN: UZMO – DENKEN MIT DEM STIFT. VISUELL PRÄSENTIEREN, DOKUMENTIEREN UND ERKUNDEN. MÜNCHEN 2014.
- SIBBET, DAVID: VISUELLE MEETINGS. MEETINGS UND TEAMARBEIT DURCH ZEICHNUNGEN, COLLAGEN UND IDEEN-MAPPING PRODUKTIVER GESTALTEN. HEIDELBERG 2011.

LET'S SPEAK ENGLISH

COULTER, DALE: ENGLISH FOR MEETINGS (MIT AUDIO-CD). BERLIN 2016. Meetings auf Englisch für Sprachanfänger.

GOODALE, MALCOLM: THE LANGUAGE OF MEETINGS. BOSTON 2014. Malcolm Goodale arbeitete als Lehrer bei den Vereinten Nationen in Genf. Sein Anliegen: »Many professionals – diplomats, agency representatives, and business people – have to take part in meetings which are conducted in English. The language of such meetings follows definite patterns. Even if Your English is good, not all of the language of meetings is obvious. This book presents and teaches all the language you need to participate effectively in meetings in English.«

GROSSE GRUPPEN, KONGRESSE, KONFERENZEN

WILL, HERMANN/WÜNSCH, ULRICH/POLEWSKY, SUSANNE: INFO-, LERN- UND CHANGE-EVENTS. DAS IDEENBUCH FÜR VERANSTALTUNGEN: TAGUNGEN, KONGRESSE UND GROSSE MEETINGS. WEINHEIM UND BASEL 2009. Kongresse, Symposien, Jahrestagungen, Mitarbeiterveranstaltungen, Führungsforen, Auftakt-Events, Kick-offs für 30 oder 300 Personen. Für derartige Großveranstaltungen bietet dieses Buch vielfältige Ideen, Beispiele, Ablaufpläne, Checklisten, Parameter, Leitlinien und Planungshilfen.

SELIGER, RUTH: EINFÜHRUNG IN GROSSGRUPPEN-METHODEN. HEIDELBERG, 3. AUFLAGE 2015. Für die Gestaltung von Veränderungsprozessen wurde in den letzten Jahren Methoden entwickelt, wie mit großen Gruppen gearbeitet werden kann, beispielsweise die Zukunftskonferenz, der Appreciative Inquiry Summit, Open Space oder das World Café. Das Buch gibt einen profunden Einblick in Hintergründe und Besonderheiten dieser Methoden.

GLEICH, MICHAEL (HRSG.): DER KONGRESS TANZT. BEGEISTERNDE VERANSTALTUNGEN, TAGUNGEN, KONFERENZEN. WIESBADEN 2014. Es müssen nicht immer nur PowerPoint-Schlachten sein, die auf Konferenzen geschlagen werden. Einen Einblick in Alternativen gibt dieser Reader.

WAS ES SONST NOCH GIBT

HARTMANN, MARTIN/FUNK, RÜDIGER/NIETMANN, HORST: PRÄSENTIEREN. PRÄSENTATIONEN ZIELGERICHTET UND ADRESSATENORIENTIERT. WEINHEIM UND BASEL, 9. AUFLAGE 2012. Auch für Besprechungen gilt: Die Leiterin präsentiert zielgerichtet Ideen, Konzepte, Problemstellungen, Hintergrundinformationen. Tipps zum zielgerichteten Präsentieren in allen Lebenslagen vermittelt dieses Buch: Vorbereitung, Medieneinsatz, Aufbau einer Rede, Lampenfieber, Visualisierungen, Umgang mit Fragen und Einwänden.

SCHULZ VON THUN, FRIEDEMANN: MITEINANDER REDEN: STÖRUNGEN UND KLÄRUNGEN, BAND 1. REINBEK, 48. AUFLAGE 2010. Jedes Jahr aufs Neue erscheinen viele Bücher zum Thema »Kommunikation«. Alter Wein in neuen Schläuchen. Deshalb nicht unbedingt ungenießbar. Aber warum nicht einen alten Spitzenwein aus der Flasche trinken? Im Kapitel »Störungen und Konflikte gelassen wahrnehmen« haben wir auf das Modell der »vier Seiten einer Nachricht« zurückgegriffen. Mittlerweile in der 48. Auflage erläutert dieses Buch ausführlich, wie unterschiedlich Nachrichten gemeint sein und wie sie ebenso unterschiedlich empfangen werden können.

BÖGNER, TANJA/KETTL-RÖMER, BARBARA/NATUSCH, CORDULA: PROTOKOLLE SCHREIBEN. PROFESSIONELL, STRUKTURIERT UND AUF DEN PUNKT GEBRACHT. MIT CHECKLISTEN, PRAXISTIPPS, MUSTERN UND VORLAGEN. WIEN 2013. 144 Seiten, die sich ausschließlich mit dem Thema »Protokollerstellung« befassen: Protokollarten, Anforderungen an den Protokollanten, an die Inhalte und die Form guter Protokolle, Tipps für die Vorbereitung, Durchführung und Sprache in Protokollen.

Irgendwie muss so ein Meeting auch mal losgehen – dazu haben wir in diesem Buch einen praktikablen Vorschlag gemacht. Und wie ist es mit Arbeitssitzungen, Konferenzen, Kongressen, Workshops oder Seminaren? Darüber hat Karlheinz A. Geißler ein kluges und kurzweiliges Buch geschrieben. Für alle, die Anfänge lieben: KARLHEINZ A. GEISSLER: ANFANGSSITUATIONEN. WAS MAN TUN UND BESSER LASSEN SOLLTE. WEINHEIM UND BASEL, 11. AUFLAGE 2016.

VAN VREE, WILBERT: MEETINGS, MANNERS AND CIVILIZATION – THE DEVELOPMENT OF MODERN MEETING BEHAVIOUR, LONDON AND NEW YORK 1999. Eine Sozialgeschichte des Meetings über mehrere Jahrhunderte hinweg, von militärisch agrarischen Lebensgemeinschaften bis hin zur modernen Industriegesellschaft: Welche Funktionen hatten Meetings? Wie liefen sie ab? Welche Veränderungen lassen sich beobachten? Aber auch: Worum ging es in den ersten Büchern zu »Besprechungstechniken« (um etwa 1850) und wie haben sie sich bis zum heutigen Tage weiterentwickelt? Eine spannendes Stück Kulturgeschichte; bisher leider nur auf Englisch und Holländisch erhältlich.

Das wohl unterhaltsamste Video zum Thema heißt MEETINGS BLOODY MEETINGS (Video Arts 2012, Dauer: 30 Minuten). Es zeigt den englischen Schauspieler John Cleese (Monty Python, Ein Fisch namens Wanda, Harry Potter und andere mehr), wie er sich vor Gericht dafür verantworten muss, Besprechungen unvorbereitet einberufen, Diskussionen nicht angemessen geleitet und anderen Menschen dadurch wertvolle Lebenszeit gestohlen zu haben.

QUINTREAU, LAURENT: UND MORGEN BIN ICH DRAN. DAS MEETING. ZÜRICH 2010. Ein bitterböser, amüsanter Roman über das Businessleben in einer großen Firma. Während eines Meetings schaut der Autor in die

Köpfe der Beteiligten und lässt in inneren Monologen deren Wünsche, Ängste, Freuden und Gedanken über das eigene Befinden, die »lieben Kolleginnen und Kollegen« und die Firma lebendig werden.

Sollten Sie, verehrte Leserinnen und Leser, trotz mehrmaliger Lektüre dieses Büchleins Meetings nach wie vor ablehnen und als Teilnehmerin und Teilnehmer an Besprechungen auch in Zukunft lieber nette Bildchen malen wollen statt mitzuarbeiten, dann kaufen Sie sich dann am besten den KRITZELBLOCK FÜR MEETINGS (HAMBURG 2014). Vielleicht hilft es ...

Im Text haben wir eine Zeile aus einem Lied des Folkrockers Stephen Stills zitiert: »*If you can't be with the one you love – love the one you're with*«. Die bekannteste Einspielung findet sich auf dem Album »4 Way Street« von Crosby, Stills, Nash and Young.

DOWNLOADMATERIAL UND BILDNACHWEIS

DOWNLOAD

Zentrale Checklisten und Arbeitsblätter erhalten Sie als Download unter www.beltz.de direkt beim Buch.

BILDNACHWEIS

GRAFIKEN auf S. 125 von Ulrike Rath; auf S. 172 von Janina Schmidt.

FOTOS: Martin Hartmann (S. 19, 35, 39, 47, 69, 123, 131), Ingeborg Sachsenmeier (S. 9, 95), Nadine Müller (S. 181), Andreas Hartmann (Autorenfoto Martin Hartmann), privat (Autorenfotos Alexander Zoll und Rüdiger Funk).

Zum Buch und zu den Autoren

Seit mehr als 20 Jahren beschäftigen sich Beraterinnen und Berater von *train* damit, wie Besprechungen zielführend und erfolgreich gestaltet werden können. Es begann mit Besprechungstrainings, die wir für Kunden aus allen Bereichen der Wirtschaft und Gesellschaft durchgeführt haben. Und auch heute noch helfen wir Menschen in Trainings, Kompetenzen in diesem Feld aufzubauen und souverän in Meetings jeglicher Art zu agieren.

Weitere Aufgaben sind hinzugekommen:

- BESPRECHUNGSCOACHING VOR ORT: Der Coach nimmt – nach entsprechendem Briefing – an einer echten Besprechung (aber auch Workshop, Konferenz, Routinemeeting) im Unternehmen teil, gibt unmittelbar im Anschluss Rückmeldungen und erarbeitet zusammen mit den Verantwortlichen Verbesserungen für zukünftige Veranstaltungen.
- AUSBILDUNG UND COACHING VON MODERATOREN, WORKSHOP-, TEAM- UND BESPRECHUNGSLEITERN: In intensiven Trainings oder Einzelberatungen vermitteln wir Grundlagen, Handwerkszeug sowie besondere Kompetenzen – beispielsweise den Umgang mit Störungen – für das Begleiten unterschiedlichster Arbeitsgruppen, bereiten aber auch wichtige Veranstaltungen mit den Verantwortlichen minutiös vor.

Die Ergebnisse dieser langjährigen Beschäftigung mit dem Phänomen »Besprechung« haben Eingang in dieses Buch gefunden. Danken möchten wir allen Teilnehmerinnen und Teilnehmern unserer Trainings und Coachings, die uns über all die Jahre hinweg vielfältige Einblicke in den sich immer wieder wandelnden Meetingalltag ihrer Unternehmen und Organisationen gegeben haben.

Wir danken auch unseren Interviewpartnern: Generalleutnant Heinrich Brauß, Assistant Secretary General im NATO-Hauptquartier in Brüssel (»Sitzungen chairen«) und Henry Fuchs, Geschäftsführer von we-CONECT Global Leaders GmbH in Berlin (»Konferenzen leiten«).

Am Zustandekommen dieses Buches haben außerdem mitgewirkt: Claudia Irsfeld, Christiane Brauß, Wolf Pross, Martina Rieg, Rainer Röpnack, Ingeborg Sachsenmeier. Allen herzlichen Dank.

Und schließlich noch ein besonderer Dank an Hajo Stabenau, mit dem alles angefangen hat.

DIE AUTOREN

DR. MARTIN HARTMANN: nach Studium und Hochschultätigkeit Projektleiter in der Medienforschung und -beratung; zwei Jahre als Journalist und Fotograf in London tätig; bei *train* als Berater, Coach und Trainer mit den Schwerpunkten Präsentation, Moderation, Krisenkommunikation, Interviewtechniken, Presse- und Publikationen.

ALEXANDER ZOLL: Studium der Rechtswissenschaft und Betriebswirtschaft; Certified Performance Technologist (International Society for Performance Improvement); Einsätze als Trainer und Berater in Europa, Zentralamerika und Vorderasien mit den Schwerpunkten: Führung und Kommunikation in internationalen Teams, Besprechungsleitung; Coaching von Gruppen und Einzelpersonen.

RÜDIGER FUNK: Mitbegründer von *train*. Studium der Erwachsenenbildung; zwei Jahre Geschäftsführer der Deutschen Versicherungsakademie. Als Geschäftsführer von *train* verantwortlich für Personalentwicklungsberatung und großflächige Veränderungsprozesse, unterstützende Qualifizierungskonzepte sowie Moderation. In der Führungskräfteentwicklung ist er trainierend und beratend tätig.

TRAIN

Gesellschaft für Personalentwicklung mbH
Büro Bonn: Reuterstraße 20; D-53113 Bonn; Tel.: 0228-243900;
E-Mail: train.bonn@train.de
http\\www.train.de

Büro Süd: Wasserburger Straße 62; D-83278 Traunstein
Tel.: 0861-9098906
E-Mail: train.sued@train.de

Mit diesem Buch ist der Erfolg im Beruf sicher!

»Was sollten Mitarbeiter alles können, um im immer komplexer werdenden Arbeitsalltag professionell und gleichzeitig authentisch zu agieren?«

Die Autoren haben 44 Schlüsselqualifikationen zusammengestellt, die im Berufsleben unerlässlich sind. Die Kompetenzen werden anregend und kurzweilig vermittelt: Einführung, Besonderheiten und mögliche Probleme in der Praxis, Tipps und Checklisten. Jedes Kapitel schließt mit kommentierten Literatur-, Hör- und/oder Internettipps

Die Materialien lassen sich auch gezielt im Führungskräftetraining einsetzen.

»Das Buch ist ein profundes, leicht verständliches Trainingsbuch für junge Führungskräfte, die hier für nahezu alle wichtigen Managementaufgaben gut vorbereitet werden.«

www.roter-reiter.de

»Man erkennt sehr schnell, dass die Autoren dieses Buches mit viel Kenntnis, Liebe und Engagement geschrieben haben – immer stets im Blick, die Leserinnen und Lesern zu befähigen, in ihrem Berufsalltag sicher zu agieren, souverän aufzutreten und sich konstruktiv einzubringen.«

HR performance

Martin Hartmann
Kompetent und erfolgreich im Beruf
Professionell organisieren, kommunizieren, auftreten und überzeugen
2014. 382 Seiten. Gebunden.
ISBN 978-3-407-36553-8

www.beltz.de **BELTZ**

Mit diesem Buch ist der Erfolg im Beruf sicher!

Von der Art und Weise einer Präsentation hängt entscheidend ab, ob man überzeugt und verständlich informiert.
Die Autoren dieses Buches geben praktische Hilfestellung für die Durchführung guter Präsentationen. Schrittweise erhält der Leser einen Einblick in die verschiedenen Planungs- und Arbeitsphasen der Vorbereitung und Durchführung von Präsentationen.

»Man merkt dem Buch deutlich den Praxisbezug an.«
Süddeutsche Zeitung

Martin Hartmann / Rüdiger Funk / Horst Nietmann
Präsentieren
Präsentationen: zielgerichtet und adressatenorientiert
2012. 224 Seiten. Gebunden.
ISBN 978-3-407-36513-2

www.beltz.de